中等职业教育新形态系列教材

金属镁理化性质分析技术

JINSHU MEI LI-HUA XINGZHI FENXI JISHU

主 编 方华靖

副主编 陈治平 杨 博 王鹏飞

西安交通大学出版社
XI'AN JIAOTONG UNIVERSITY PRESS

内容简介

本书包括走进实验室、物理量的测定、定量化学分析技术和仪器分析技术四个模块。在介绍实验室安全、试剂基本常识和实验数据记录处理方法的基础上,通过一个个生动的材料分析任务培养学生掌握正确规范的理化性质分析测试技能。这些任务与生产实践紧密关联,有些直接来源于生产一线的实际任务需求,如矿石密度的测试、白云石水化活性度的测定、硅铁粒径的测定等任务工单等均源自金属镁厂。我们用全新的视角围绕一个个材料分析任务展开知识内容,理论和实践有机结合,使学生能够更快地掌握技能,并深刻理解技能背后的专业知识。

本书适用于中等职业院校材料和化工相关专业学生的职业技能培训,也可作为化工分析、产品质检等相关从业人员学习的参考书。

图书在版编目(CIP)数据

金属镁理化性质分析技术 / 方华靖主编. --西安:
西安交通大学出版社,2025.9. --(中等职业教育新形
态系列教材). -- ISBN 978 - 7 - 5693 - 4126 - 3

Ⅰ. O614.22

中国国家版本馆 CIP 数据核字第 2025VQ9602 号

书　　　名	金属镁理化性质分析技术
主　　　编	方华靖
副 主 编	陈治平　杨　博　王鹏飞
策划编辑	杨　璠
责任编辑	杨　璠
责任校对	张明玥
封面设计	任加盟
出版发行	西安交通大学出版社
	(西安市兴庆南路 1 号　邮政编码 710048)
网　　　址	http://www.xjtupress.com
电　　　话	(029)82668357　82667874(市场营销中心)
	(029)82668315(总编办)
传　　　真	(029)82668280
印　　　刷	陕西印科印务有限公司
开　　　本	787 mm×1092 mm　1/16　印张 10　字数 220 千字
版次印次	2025 年 9 月第 1 版　2025 年 9 月第 1 次印刷
书　　　号	ISBN 978 - 7 - 5693 - 4126 - 3
定　　　价	49.80 元

如发现印装质量问题,请与本社市场营销中心联系调换。
订购热线:(029)82665248　(029)82667874
投稿热线:(029)82668804
读者信箱:phoe@qq.com

《金属镁理化性质分析技术》
编写委员会

前言
PREFACE

　　镁及镁合金以其轻量化、高比强度、可回收等特性,成为航空航天、新能源汽车、3C电子等战略性新兴产业发展的关键性材料之一。我国作为全球原镁生产的绝对主导者,仅陕西省榆林市府谷县一地,原镁年产量便占据全球总产量的半数。然而,与蓬勃发展的产业规模形成鲜明对比的是,金属镁行业面临严峻的人才供需矛盾。为破解这一困境,在职业教育深化改革的时代背景下,我们以"立足产业需求、扎根地方特色、强化技能赋能"为宗旨,系统构建了这本国内首部针对金属镁分析实验技术的职业教育教材。

　　本书编写团队深入府谷镁产业集群,联合职业院校与龙头企业,以皮江法炼镁工艺的真实生产场景为蓝本,系统构建了金属镁理化性质分析技术的知识体系。通过实验基础知识、物理常数的测定、定量化学分析技术、仪器分析技术等模块化教学设计,构建了"任务描述—知识准备—任务实施—任务评价—思考测试"五阶递进学习路径。

　　本书精选了14项理化分析实验,既有金属镁的密度、硬度等物理常数的测定,也涉及白云石、硅铁等皮江法炼镁工艺原料的化验分析,体现产教融合特色,推荐采用"理实一体化"教学模式开展教学。

　　本书的编写凝聚了多方专业力量,由西安交通大学方华靖统筹设计,府谷职业中学陈治平及陕西省镁基新材料工程研究中心杨博、王鹏飞等共同参与编写及总体校对。本书在撰写过程中,得到了编写委员会自始至终的关注、指导与支持。西安交通大学张烨萌、王首雄、刘博明、王胜辉、黄俊辉等同学在资料整理等环节也付出了大量辛勤努力。在此　并致谢!

　　期待本书能为我国镁产业高质量发展注入"人才活水",助力更多青年学子在"银色经济"的浪潮中成长为大国工匠,让"中国镁"继续闪耀世界舞台。

编　者

2025年4月

目录
CONTENTS

模块一 走进实验室 ·· 1

任务 1 了解实验安全守则与防护 ······················· 2

任务 2 如何与化学试剂打交道 ·························· 10

任务 3 记录与处理实验数据 ···························· 17

模块二 物理量的测定 ·· 27

任务 1 材料密度的测定 ······························· 28

任务 2 金属电阻率的测定 ····························· 38

任务 3 材料的硬度检测 ······························· 50

任务 4 液体沸点的测定 ······························· 59

模块三 定量化学分析技术 ···································· 69

任务 1 纯水的制取与检测 ····························· 70

任务 2 标准溶液配制 ································· 80

任务 3 阳离子的滴定分析 ····························· 90

任务 4 阴离子的滴定分析 ···························· 102

模块四 仪器分析技术 ······································ 109

任务 1 重量分析方法 ································ 110

任务 2 紫外-可见分光光度法 ························· 117

任务 3 原子吸收光谱法 ······························ 129

任务 4 粉末样品的粒度分析 ·························· 139

附录 理化分析实验常用玻璃器皿及其使用 ·············· 147

参考文献 ··· 151

走进实验室

模块 导入

　　实验室是进行科学探索、实验教学的重要场所，实验室有各种仪器设备和化学试剂，因此有别于日常生活的居住环境。进入实验室的所有人员，必须牢固树立安全意识，严格遵守实验室的各项规章制度，杜绝安全隐患，确保自己和他人的生命财产安全。

　　通过本模块 3 个任务的学习和实训，我们能够在实验前熟记安全守则与防护指南；在实验中知道如何与化学试剂打交道；在实验后能够科学、规范地记录和处理数据，为日后的理化性质分析实验奠定坚实基础。

知识 目标

(1)了解实验室的安全规则；

(2)了解危险化学品的分类和使用注意事项；

(3)掌握实验数据的记录与处理方法。

能力 目标

(1)实验前会正确穿戴防护用品；

(2)会使用消防器材和急救药品；

(3)能够正确处理实验产生的废弃物。

素质 目标

(1)树立实事求是的科学精神与严谨的工作作风；

(2)养成良好的实验习惯和安全意识。

任务 1　了解实验安全守则与防护

任务描述

实验室安全是实验室工作中至关重要的一环,它直接关系到实验室工作人员的生命安全和实验室设备的完整性。在进行科学研究和实验过程中,可能会涉及各种危险性物质、设备和操作,因此必须严格遵守安全规程和操作规范,以确保实验室的安全运行。无论是新手还是有经验的实验人员,都必须对实验室的安全问题保持高度警惕,时刻牢记安全第一的原则。只有通过合适的培训,具备认真的态度和严格的操作,才能最大限度地减少事故发生的可能性,保护自己和他人的安全。

知识准备

一、实验室安全守则

(1)进入实验室,首先熟悉周围环境及配备的安全设施,熟记安全出口和逃生通道的位置。

(2)做实验前认真做好准备工作,理解实验目的和任务,正确佩戴防护用品。

(3)实验过程中遵守纪律、细心操作,实验室内不得追逐玩耍、嬉戏打闹。

(4)实验中如需使用精密的仪器设备,应当在教师讲解演示并且自己阅读理解操作规程后再动手操作。使用完毕后及时复位,关闭电源并登记使用记录。

(5)节约试剂药品,按照规定的用量取样。取用后试剂瓶应当物归原处。

(6)使用易挥发的有毒或有腐蚀性的试剂,应当在通风橱内操作。

(7)实验室内严禁饮食、吸烟,不得将食品、饮料等带入实验室,以免食物等受到污染。

(8)外来人员不得随意动用实验室内的仪器设备及试剂药品等,借用实验室物品应当按照规定流程办理,不得私自带离。

(9)实验完成后,收拾实验装置并清理实验台面,妥善处理实验产生的废物,切不可带出实验室随意丢弃。

(10)爱护公共设施,保持环境整洁,离开实验室前仔细确认水、电、气及门窗是否关好。

二、实验防护用品

人们在实验的过程中会频繁地接触各种化学试剂、电磁辐射及其他可能对身体健康构成潜在威胁的因素,做好防护措施显得尤为重要。尽管实验防护用品无法彻底消除实验场所存在的诸多有害物质,但它们是阻隔在实验人员与化学品等危险因素之间的安全屏障。正确使用实验防护用品是一种有效的预防措施,能够防止或减少工伤事故的发生,预防职业中毒,最大限度地保护人体免受伤害。

下面简要介绍材料理化性质分析测试实验过程中涉及的几类防护用品。

1. 通风橱(柜)

通风橱是化学类实验室常见的一种大型排风设备,如图1-1所示,其工作原理与家庭厨房里的油烟机相似,利用风机将局部产生的气体或微粒强制排出。当实验中使用挥发性的有毒有害物质(如盐酸、氨水等),或者反应过程中产生有毒有害气体等刺激性物质时,均应在通风橱内操作,避免实验人员受到伤害。使用通风橱需要将防爆玻璃门下拉至指定位置,隔着玻璃观察实验,仅可将双手伸入通风橱内操作,切不可将头探入通风橱内。实验完成后,应当延迟几分钟关闭通风橱,尽可能排尽有毒有害气体。为了保障良好的排风效果,通风橱内不能堆积大件设备和杂物。如果实验室没有补风系统,那么通风橱在工作状态下应当保持门窗开启,否则室内容易形成负压,影响排风效果。

图1-1　实验室常用通风橱实物图

2. 呼吸防护用品

在各种理化分析实验过程中,有些会发生化学反应产生有毒有害气体或粉尘污染物,通过呼吸系统危害人体健康。据统计,职业中毒九成以上是由于吸入有毒物质引起的。为了避免有毒污染物进入呼吸系统,在实验过程中必须佩戴呼吸防护用品。常见的呼吸防护用品大致可以分为过滤式和隔离式两种。其中,过滤式呼吸防护用品主要在氧气充足的环境中使用,包括过滤粉尘的防尘口罩、防尘面具及过滤有毒气体和烟雾的防毒口罩、防毒面具;隔离式呼吸用品将使用者的呼吸器官与污染环境彻底隔离,能够在缺氧、尘毒严重污染的场所使用,例如自给式呼吸器和长管面具等。如何在实验中选择合适的呼吸防护用品,要综合考虑有害化学品的性质、浓度及环境含氧量等各方面因素。

3. 眼部防护用品

眼睛是人感知世界最重要的器官之一,是获取外部信息的主要途径。对实验进程的准确把握离不开对实验现象的仔细观察,因此眼睛和面部也成为容易被事故伤害的部位。在各种实验场所中,飞溅的碎屑、腐蚀性气体和强烈的激光等物理或化学因素都会对操作人员的眼睛造成不可逆损伤,严重时甚至会导致失明。佩戴合适的护目镜或防护面罩是保护眼睛的有效措施。如图 1－2 所示,化学防护眼镜能够防御刺激性气体、飞溅的试剂和颗粒物对眼睛的侵害;激光防护眼镜用于防御不同波长的大功率激光对眼睛的灼伤;防护面罩在保护眼睛之余,还能保护面部和颈部不受金属碎屑、液体喷溅等伤害。

(a) 化学防护眼镜　　　　　(b) 激光防护眼镜　　　　　(c) 防护面罩

图 1－2　眼部防护用品

4. 手部防护用品

实验人员在操作过程中,手是距离实验器皿和化学试剂最近的身体部位,做好手部的防护非常重要。为了防止手受到伤害,在实验中接触锋利物品(碎玻璃、金属碎片等)、腐蚀性物质(强酸强碱等)及过热或过冷的样品时,应佩戴合适的防护手套。实验室中常见防护手套的类别和适用范围如表 1－1 所示。

表 1－1　常见防护手套的类别和适用范围

类别	适用范围
一次性手套	用于对手部伤害风险较低的一般实验操作,佩戴后手指触感好
化学防护手套	用于处理强酸强碱等危险化学品,常见的种类有天然橡胶手套、氯丁橡胶手套、聚氯乙烯(PVC)手套等,不同材质的手套可防护的试剂类别和防护等级不同,应按实际需求选择

续表

类别	适用范围
防割伤手套	用于防止被玻璃、刀具等锋利物体割伤
防热手套	具有隔热效果，防止手部被高温烫伤
低温防护手套	用于低温实验，防止手部被液氮、干冰等制冷剂冻伤

佩戴手套时还需要注意以下事项：

①佩戴之前仔细检查所用手套是否完好无损，尤其是指缝和指尖处；

②实验中不要戴着手套去接触电话、门把手等日常用品，防止有毒有害污染物扩散；

③使用后的手套需要集中处理，不能与日常垃圾混放；

④实验结束后，操作人员应当认真清洗双手。

5. 身体防护用品

进入实验室应当穿着防护服，这样既能避免身体皮肤直接接触化学品受到伤害，也能保护日常着装免受污染。普通防护服（即实验服）以棉麻材质为主，只作为一般性防护，对于特殊的实验场景应当穿着专门防护服（例如操作 X 射线相关设备时应当穿着铅制的 X 射线防护服）。通常情况下，进入实验室应当穿着长袖实验服和长裤，不得穿拖鞋和凉鞋。离开实验室后，应及时脱掉实验服，不可穿着被污染的实验服进入办公室、食堂等公共场合。

6. 应急喷淋和洗眼设备

应急喷淋和洗眼设备是实验室必须配备的安全设施，属于紧急救护安全防护用品，如图 1-3 所示。当实验人员的眼部或身体其他部位在作业场所暴露于危险化学品等危险物品后，可利用该设施进行紧急冲洗处理，减缓进一步危害，为医学救护赢得时间。例如，实验中化学溶剂不慎溅入眼睛后，伤者应撑开眼皮，立即使用洗眼器彻底冲洗数分钟，再去医务室进行救治。《眼面部防护　应急喷淋和洗眼设备　第 1 部分：技术要求》（GB/T 38144.1—2019）规定了应急喷淋和洗眼设备的产品分类、技术要求、试验方法等。实验室管理人员应当定期维护设备，定期启用洗眼器，避免管路中产生水垢，确保其正常出水。

需要强调的是，没有任何一种防护用品是万能的。实验过程中，绝不能因为佩戴了防护用品就可以肆无忌惮地进行危险操作。牢固的安全意识和良好的实验习惯在任何时候都能够帮助我们守护人身安全。

图 1-3　应急喷淋和洗眼设备

三、安全用电与消防常识

1. 安全用电

随着时代的发展,实验室的电气化和自动化程度越来越高。除了照明和空调等常见家用电器外,理化性质分析实验室还会涉及许多需要供电的仪器设备,有些甚至是大功率用电器,例如马弗炉、烘箱等。正因如此,实验室中应当格外注意安全用电,防止用电不当酿成灾祸。

实验人员在使用各种电器设备之前,首先需要仔细阅读设备的使用说明书和操作规范,掌握正确的操作要领,最好由熟悉设备的教师进行操作演示。实验室使用的各种电气零配件及插排均要符合国家标准,带有"3C"强制认证标志。实验过程中应牢记以下注意事项:

①对于高压用电设备,应当排查开关和线路的安全隐患,确保地线接触良好;

②仪器设备的操作面板及连接的电源线外层应该绝缘,不能裸露;

③操作电器设备时须保持手部干燥,不能用湿手触碰电路及电源开关;

④使用插排时不能同时接通太多的大功率设备,以免电路过载引发事故;

⑤仪器设备每次实验完毕后须及时切断电源,做好日常维护保养;

⑥非专业人士不可随意拆卸、改装用电设备及其内部电路;

⑦烘箱、马弗炉等大功率设备工作时应当有专人值守,以便及时发现并处理突发情况;

⑧插排不可放置在实验室地面,特别是水池、饮水机等水源附近的地面,以防因跑水引发的短路或触电事故。

2. 实验室消防常识

由于使用需要,实验室内存在大量可燃性无机物和有机物。这些可燃物在失控状态下燃烧会酿成火灾。面对实验室突发的火灾事故,实验人员不仅需要有临危不乱的勇气,还需要掌握正确的消防知识。对于不同的火灾火情,灭火的措施也不同。根据起火原因和燃烧物质的性质,我们将火灾分为以下四类。

(1)A类火灾是由固体物质燃烧引发的,包括木材、纸张、棉麻纤维材料、塑料和橡胶等。扑灭A类火灾最有效的方式是用水,也可用泡沫灭火器。

(2)B类火灾是由液体或高温下熔化为液体的可燃物引发的,包括汽油、煤油等石油化工品,醇、醚、酮类有机试剂及沥青、石蜡等。扑灭B类火灾需要使用泡沫灭火器,不可以用水灭火。

(3)C类火灾是由气体可燃物的燃烧引发的,包括煤气、天然气、氢气、乙烷、丁烷等。扑灭C类火灾需要使用1211灭火器或干粉灭火器。

(4)D类火灾是由可燃性金属引发的,包括钠、钾、镁等碱金属和轻金属。扑灭D类火灾需要使用干沙,不可以用水灭火。

除此之外,在加热实验时若着火,应立即停止加热,切断电源并搬离附近的易燃易爆物质。

电器设备着火时,须首先切断电源再扑救,防止发生触电事故。当衣服上着火时切勿慌张跑动,可立即脱下衣服或在地上卧倒打滚进行灭火。实验人员应该熟知灭火器的使用方法和适用范围,定期检查和更换消防器材。常用灭火器的类别及适用范围如表1-2所示。

表1-2　常用灭火器类别及适用范围

类别	适用范围
泡沫灭火器	用于油类失火,以及木材、橡胶等固体可燃物火灾
1211灭火器	用于油类、有机溶剂、高压电气设备和精密仪器失火
二氧化碳灭火器	用于电器失火和仪器仪表、图书档案等忌水物质着火
干粉灭火器	用于油类、电器设备、可燃气体及遇水燃烧物质引发的火灾

实验室常见的消防器材还有灭火毯、消防沙箱、消火栓等。对于实验室人员而言,在火灾初期可以利用这些消防器材进行灭火。如果火势较大,应及时拨打火警电话"119"请求援助。火灾事故重在预防,进入实验室就必须处处留意,防火防爆,例如,使用酒精灯、酒精喷灯等明火时禁止离人,离开实验室前关闭不用的仪器设备等,从源头消除可能引发火灾的安全隐患。

四、实验室急救与事故处理

在实验过程中,操作人员经常使用不同的化学试剂和易碎的玻璃器皿,由于操作过程中的疏忽或其他原因,偶尔会发生意外事故。当下列事故发生时,应该采取正确的处理措施,以免耽误最佳救助时机,情节严重者应立即就医。

(1)烫伤。接触高温被烫伤后,可先用高锰酸钾溶液擦洗烫伤部位,再涂敷烫伤膏。如果烫伤处起泡,不宜挑破。

(2)玻璃割伤。首先观察伤口有无玻璃碎屑,若有则取出异物,然后用生理盐水清洗伤口,擦涂碘酒之后用纱布包扎。如果伤口较深,难以止血,应清洗消毒后立即前往附近医院救治。

(3)化学伤害。化学伤害必须在现场紧急处理,化学物质与皮肤组织的接触时间越久,伤害程度越严重。若强酸或强碱洒落在身上,应当尽快脱下被污染的衣服,立即用大量清水冲洗被酸碱腐伤的身体部位。受酸腐蚀部位水洗后使用饱和碳酸氢钠溶液(或肥皂水)冲洗;受碱腐蚀部位水洗后使用醋酸溶液冲洗。最后再用水冲洗干净。溴灼伤皮肤可用乙醇冲洗灼烧处,然后用大量清水冲净并涂上甘油。苯酚灼伤皮肤则先用大量清水冲洗残留试剂,然后用乙醇-氯化铁混合溶液清洗伤处。

(4)触电。首先切断电源,再施救触电者,必要时进行人工呼吸。施救人员应当做好绝缘防护,防止自身触电。

(5)气体中毒。在实验过程中,如果不慎吸入氯气、溴蒸气等有毒气体,可吸入少许酒精和乙醚的混合气体进行解毒,旋即到室外呼吸大量新鲜空气。

五、实验室急救药箱

当实验室发生了一些小事故时,为了能够第一时间实施救护,避免伤害进一步扩大,实验室应当配备急救药箱。急救药箱内储备有常见的救护药品和医疗器具,便于对安全事故进行简单的应急处理,如表1-3所示。

表1-3　实验室急救药箱内容药品

类别	药品
消毒剂	消毒酒精、碘酒(碘酊)等
烫伤药	烫伤膏、烧伤软膏、凡士林、甘油等
创伤药	红汞药水、龙胆紫药水、消炎粉、止血粉等
化学灼伤药	5%(质量分数)碳酸氢钠溶液、1%(质量分数)硼酸溶液、医用过氧化氢、三氯化铁的酒精溶液等
治疗用品	创可贴、医用橡皮膏、绷带、消毒棉球、纱布、镊子、医用剪刀等

此外,理化分析实验室的急救药箱还应当满足如下要求:

①危险性实验室必须配备急救物品;

②为了方便取用,急救药箱不得上锁;

③定期检查更新,确保药品在保质期内。

知识延伸

119与全国消防安全日

提到"119"大家会想到什么? 它是发生火灾时的火警报警电话,谐音是"要要救"。其实,我国以前的火警电话是"09",因为当时我国的特别通信服务号是0。20世纪70年代后期,我国的通信服务号码改为"11",火警号码也由此改为"119",并一直沿用至今。

除此之外,1992年公安部发出通知,将每年的11月9日定为"消防安全日",为了更好地宣传消防安全知识。因为冬季是火灾容易发生的季节,为了提前做好防火工作,每年的11月9日都会安排相关的主题活动,提高人们的消防安全意识,帮助人们掌握更多的消防安全知识。

任务 评价

考核内容	分值	得分
熟记实验室安全准则	20	
注意用电安全	20	
正确使用实验室防护用品	20	
掌握消防常识及灭火的基本方法	20	
正确处理实验室安全事故	20	
总分	100	

思考 测试

1.进入理化分析实验室后,应当遵守哪些规则?

2.实验中佩戴防护眼镜的作用是什么?

3.使用过的实验手套可否传递给他人使用,为什么?

4.实验室中如何防止火灾的发生?

5.消防器材会不会过期?需要定期检查更换吗?

6.遇化学伤害,被浓酸或浓碱腐蚀后的清洗方法有什么区别?

7.急救药箱可否上锁防盗?

8.发现触电事故时,施救者应当怎么做?

任务2　如何与化学试剂打交道

任务描述

在进入实验室进行实验时,必然会接触到各种各样的化学试剂,它们既是探索科学奥秘的钥匙,也是必须谨慎对待的危险品。了解化学试剂,正确运用、妥善处理化学试剂,不仅关乎我们的学习成果,更直接关系到我们的人身安全。

在本任务中,我们将从认识化学试剂开始,了解试剂的包装、取用、处理等知识,为顺利开展实验打下坚实的基础。

知识准备

一、化学试剂的分类和选用

理化实验室常用的化学试剂除了常规试剂和药品,还包括许多危险化学品。这些试剂可以按照很多方式进行分类:固体试剂和液体试剂,有机试剂和无机试剂,氧化剂和还原剂,等等。每个实验室都需要从实际情况和使用的便捷性出发,妥善地对采购的试剂进行分类管理。

在本任务中,我们根据质量品级和用途,将试剂分为一般试剂、高纯试剂、标准试剂和专用试剂四类。下面着重介绍一般试剂。

根据纯度及杂质含量的多少,可将一般试剂分为以下四个等级。

①优级纯试剂:又称保证试剂,纯度高,杂质少,为一级品,用于精确分析和科学研究。

②分析纯试剂:又称分析试剂,纯度略低于优级纯试剂,为二级品,用于一般的分析和科研。

③化学纯试剂:纯度低于分析纯试剂,为三级品,用于工业分析及教学实验。

④实验试剂:杂质含量较多,但比工业品纯度高,为四级品,用于一般的化学实验。

根据我国相关标准的规定,不同等级的化学试剂用不同颜色、符号的瓶签区分开来,如表1-4所示。

表1-4　我国化学试剂的等级及标志

序号	化学试剂等级标志			
	级别	名称	符号	瓶签颜色
1	一级品	优级纯	GR	绿色
2	二级品	分析纯	AR	红色
3	三级品	化学纯	CP	蓝色
4	四级品	实验试剂	LR	黄色

二、化学试剂的包装和储存

化学试剂的良好包装和储存,可以有效防止试剂污染、变质和损耗,并可大大减少燃烧、爆炸、腐蚀和中毒事故的发生,既可以保证我们的人身安全,也可以减少实验室财产损失,因此,了解和学习化学试剂的包装存储知识十分重要。

1.化学试剂包装的要求

(1)产品经检验合格后,应由质检部门出具产品质量合格报告单后方可进行包装。

(2)产品包装作业应严格按照产品包装操作规程和包装规范进行。

(3)产品包装环境应保持清洁、干燥、采光良好。包装有毒、有尘产品时应有排毒、排尘装置,且产品包装应在室温条件下且相对湿度不大于75％的环境中进行。

(4)产品包装时要防止试剂间的互相干扰,确保产品包装后不影响产品质量。瓶外应清洁,不得有产品残留物。

(5)包装材料和包装容器必须清洁、干燥,不与内容物发生理化反应。

(6)化学试剂内包装容器封口应有严密的启封后无法复原的封口材料。属于剧毒、贵重产品的包装应有生产厂家专用封签、封条等封口物。

(7)见光易分解的产品应采用不透光的内包装容器。透光的内包装容器应采用避光措施,如包上黑纸、套上黑塑料袋等。

2.常用化学试剂的储存

化学试剂的储存关系到试剂的质量、实验室安全等方面,因此必须要了解常用化学试剂的储存知识。储存试剂时应该注意以下几点:

(1)分类摆放:化学试剂较多时,应该依据各种试剂的化学性质分类保管。

(2)腐蚀性和剧毒试剂的储存:腐蚀性和剧毒试剂,如氢氧化钠(钾)、氧化砷、汞盐等,应储存于保险柜中并由专人保管。

(3)易挥发试剂的储存:易挥发试剂应储存在有通风设备的房间内。

(4)易燃、易爆试剂的储存:易燃、易爆试剂应储存于铁皮柜或沙箱中。

所有试剂瓶外面均应擦拭干净,储存在干燥洁净的药品柜内,最好置于阴暗避光环境中。

化学试剂若保管不善则会发生变质。试剂变质是导致分析误差的主要原因之一,会导致分析工作失败,甚至会引起事故,因此必须注意。

三、化学试剂的取用

当需要使用化学试剂进行实验时,如何正确将化学试剂取出是关键的一步,它不仅关系到实验结果的精准与否,也影响着试剂的质量,甚至与人身安全紧密相关。为此,我们应熟练掌握化学试剂的取用知识。

化学试剂的取用可分为固体试剂的取用和液体试剂的取用,下面分别介绍。

1. 固体试剂的取用

(1)固体试剂常放在便于取用的广口瓶中,取用固体试剂时要用洁净干燥的药匙或镊子,也可以使用洁净的纸槽。用过的药匙或镊子必须洗净干燥后存放在洁净的器皿中。

(2)往试管中加入粉末状试剂时,可将药匙或放有试剂的纸槽伸入平放的试管中约 2/3 处(见图 1-4),然后竖立试管,使试剂落入试管底部。

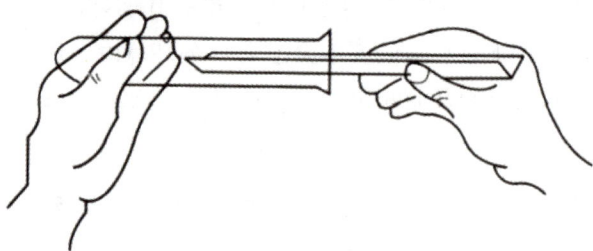

图 1-4　在试管中加入粉末状试剂

(3)向试管中加入块状试剂时,可以使用镊子夹取试剂,伸入试管口并将试管倾斜,使其沿管壁缓慢滑下,如图 1-5 所示。注意不得垂直悬空投入,以免击破管底。

(4)体颗粒较大时,可在洁净干燥的研钵中研磨细化后取用。

(5)取用一定质量的试剂时,应选用适当容器或干净的称量纸在天平上称量。(天平的使用方法详见模块二任务 1。)

图 1-5　在试管中加入块状试剂

2. 液体试剂的取用

为了避免挥发,液体试剂通常存放于细口瓶或带有滴管的滴瓶中。

(1)从细口瓶中取用液体试剂时可以采用倾注法(见图 1-6)。将瓶塞取下倒置在桌面上,再把试剂瓶贴有标签的一面握在手心,然后逐渐倾斜试剂瓶使试剂沿试管内壁流下,或沿玻璃棒注入烧杯中。取出所需试剂后,应将试剂瓶口在试管口或玻璃棒上靠一下,再将试剂瓶竖直,盖紧瓶塞,放回原处,标签向外。

(2)使用滴管取用少量液体试剂时,先提起滴管,使管口离开液面,再用手指紧捏胶帽排出管内空气,然后将滴管插入试液中吸起液体,再提起滴管,垂直放在容器上方,将试剂逐滴加入。

(a) 将液体试剂倾入试管中　　　　　(b) 将液体试剂倾入烧杯中

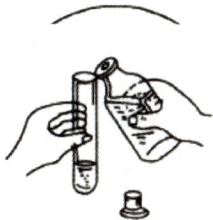

(c) 将瓶口在试管口靠一下　　(d) 将瓶口在玻璃棒上靠一下　　(e) 错误操作

图 1-6　取用液体试剂的操作

注意,使用滴管时,滴管要接近试管口,不能远离或伸入试管口内。吸取溶液后,应始终保持胶帽向上,不能平持或斜拿,以防试液流入胶帽,腐蚀胶帽并沾污试剂。

四、危险化学品

危险化学品是指具有毒害、腐蚀、爆炸、燃烧、助燃等性质,对人体、设施、环境具有危害的剧毒化学品和其他化学品,其在使用、运输和存储过程中,都会给实验人员和周围环境带来风险因素。为了加强危险化学品的安全管理,该类化学品的包装上往往设有安全警示标志(见图 1-7)。

图 1-7　常见危险化学品安全警示标志

五、废弃物处理

实验中会使用到各种试剂和药品,随着反应的发生,不可避免地会产生各种废弃物。这些废弃物与日常生活垃圾不同:一方面,这些废弃物往往包含有毒有害、污染环境的成分,需要妥善地处置,避免造成人员伤害和环境污染;另一方面,废弃物中也可能存在某些有价值的成分,若不及时回收会造成浪费。我们在开展实验时,应有保护环境的观念,同时掌握以下废弃物处理的知识。

1. 废气处理

实验室废气的处理有两条基本要求:一是实验室内废气浓度不能达到危害人员的程度,二是实验室外排出的废气浓度不能达到危害外界的程度。若不满足以上两条要求,废气就不能直接从实验装置中排出,必须进行处理。

如果产生的废气量较多或毒性很大,常常采用化学方法对废气进行处理。例如,对于酸性气体,常用氢氧化钠等碱性溶液吸收后再排放;反之,对于碱性气体,则先用酸性溶液吸收后再排放。

2. 废液处理

实验废液的化学成分远比生活污水复杂和危险,所以,实验室产生的有毒、有害的废液绝对不可以直接倒入下水道,必须经过处理使其转化为无害物,达到排放标准。实验室通常采用化学沉淀法来除去废液中的有毒有害元素,例如含汞元素的废液,可添加过量硫化钠,通过反应生成难溶的硫化汞沉淀,从而将汞元素从废液中除去。

3. 废渣处理

废渣等固体废弃物相对而言较容易处理。一般将其封存在原有包装内,同时注明是使用过的废弃物等必要信息,经回收后统一处理。对于水溶性有毒废渣,一定不能未经处理直接丢弃,否则极易造成水源污染。特别地,当废渣具有放射性,涉及辐射安全时,应将废渣封存在具有屏蔽功能的容器中,放置到隔离点,由专业部门及人员来回收处理。

知识 延伸

水俣病与废水污染

水俣病是指人或其他动物食用了含有机汞污染的鱼贝类,使有机汞侵入脑神经细胞而引起的一种综合性疾病,它是世界上最典型的公害病之一。水俣病于1956年首先在日本九州熊本县水俣市发现,由于当时病因不明,故被称为水俣病。水俣病实际为慢性汞中毒,患者手足协调失常,甚至出现步行困难、运动障碍、智力障碍,重者神经错乱、思觉失调、痉挛,直至死亡。

经过调查,水俣病的罪魁祸首是一家氮肥生产企业,工厂把没有经过任何处理的废水排放到水俣湾中。由于生产过程中要使用含汞的催化剂,因而排放的废水含有大量的汞。汞被水生物食用后转化成甲基汞,水俣湾里的鱼虾类也由此被污染了。环境破坏和公害病使政府和企业付出了极其昂贵的代价。由水俣病引发的诉讼旷日持久,时至今日依然没能完全解决。

2013年10月10日,联合国环境规划署通过了《关于汞的水俣公约》,这是世界上首个就高毒性金属汞签署的具有法律约束力的公约。

任务 评价

考核内容	分值	得分
了解试剂的分类及其依据	20	
掌握化学品的包装、储存知识	20	
掌握固体、液体试剂的取用方法	20	
认识、了解危险化学品	20	
熟悉废弃物处理的原则及规范	20	
总分	100	

思考 测试

1.危险化学品使用完毕后,可否留在实验台方便下次取用?

2.强氧化剂和强还原剂可否保存在同一个试剂柜?

3.危险化学品为什么必须张贴安全标志?

4.为什么实验室废弃物需要特殊处置? 和日常生活垃圾有何区别?

5.我们在实验过程中如何做到环境保护?

6.实验室中两种不明成分的废液可否直接混合? 为什么?

7.下列哪些试剂需要在通风橱中使用?

　　A.浓盐酸　　　　　B.氯气　　　　　C.氨水　　　　　D.硫化氢

▶ 任务 3 　 记录与处理实验数据

任务描述

定量分析(见图 1-8)的任务是准确测定试样中各组分的含量,但分析检验的结果不可避免地会产生误差,所以分析检验工作者不仅要测定试样中某组分的含量,实事求是地记录原始数据,而且还要正确处理检验数据,并对检验结果作出评价,判断它的可靠程度,查出产生误差的原因,并采取措施减小误差。

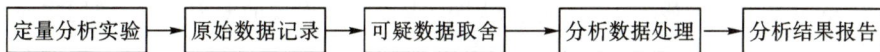

定量分析实验 → 原始数据记录 → 可疑数据取舍 → 分析数据处理 → 分析结果报告

图 1-8　定量分析

知识准备

一、定量分析中误差的来源与分类

在定量分析中,受分析方法、测量仪器、所用试剂和分析工作者主观条件等方面的限制,测得的结果不可能和真实含量完全一致。即使是技术很熟练的分析工作者,用最完善的分析方法和最精密的仪器,对同一样品进行多次测定,其结果也不会完全一样。这说明定量分析测试在客观上存在着难以避免的误差。人们根据误差产生的原因和性质将其分为系统误差和随机误差两大类。

1. 系统误差

系统误差又称可测误差,是由分析过程中的一些固定的、经常的原因造成的误差。它具有重复性和可测性,若能找出原因,并设法加以校正,系统误差是可以消除的。系统误差产生的原因主要有以下几方面:

(1)方法误差:由于分析方法本身不够完善所造成的误差。如在滴定分析中,指示剂确定的滴定终点与实际化学计量点不完全符合、发生副反应等,都将使测定结果偏高或偏低;在质量分析中,当沉淀的溶解度过大时,会造成结果偏低的负误差。

(2)试剂误差:由于试剂不纯或实验所用的蒸馏水含有杂质等引起的误差。

(3)仪器误差:由于实验仪器本身不够准确或者未经校准所引起的误差。例如,使用的滴定管、容量瓶及移液管等计量器皿的刻度不准,不同量器之间的配合使用不成比例等。

(4)操作误差:由分析工作者控制操作条件的差异和个人固有的习惯造成的误差。如对滴定终点颜色变化进行判断时,不同人的敏锐程度不同,有人敏锐,有人迟钝;在滴定管读数时,最后一位数字估读不够准确,有的人偏高,有的人偏低等。

2. 随机误差

随机误差又称为偶然误差,是由一些随机的偶然因素造成的。如测量时,环境的温度、湿度和气压的微小波动,仪器性能的微小变化,分析人员对各份试样处理时的微小差别等,都可能带来一些随机误差。这些误差是难以察觉或不可控制的。

由于随机误差是由一些不确定的偶然因素造成的,因此是可变的,时大时小、时正时负,在分析过程中是无法避免的。即使一个经验很丰富的分析人员,进行非常严谨的操作,得到的分析结果也不能完全一致,因此,随机误差也称为不可测误差。

随机误差的产生是没有确定原因的,但如果进行多次测定,便会发现,随机误差中大误差出现的概率小,小误差出现的概率大,且大小相等的正负误差出现的概率相等,它们之间能部分或完全抵消。

另外,由于分析人员的粗心大意或违反操作规程所产生的误差,如溶液溅出、试剂被污染、沉淀损失或加错试剂、读数错误、计算错误等都属于过失,这种过失误差是不允许的,应该避免,一旦出现过失误差,此次测定值应该弃去,并重新进行实验。

二、误差的表示

1. 准确度与误差

准确度是指测定结果与真实值之间的接近程度。通常用误差的大小来衡量分析结果的准确度,误差越小,表示分析结果的准确度越高。

误差是指测定结果与真实值之间的差值,误差有正、负之分。误差为正值时,表示测定结果偏高;误差为负值时,表示测定结果偏低。误差可用绝对误差和相对误差表示。

绝对误差(E)是测定结果(x)与真实值(a)之差:

$$E = x - a$$

相对误差(E_r)表示绝对误差在真实值中所占的百分比,即

$$E_r = \frac{E}{a} \times 100\% = \frac{x-a}{a} \times 100\%$$

误差的计算必须先知道真实值的大小,但在实际工作中,真实值一般是无法知道的,因此常用偏差代替误差。

2. 精密度与偏差

精密度是指在相同条件下,对同一试样多次平行测定结果相互接近的程度。精密度的高低常用偏差来表示,偏差小,说明分析结果的精密度高。偏差也分为绝对偏差与相对偏差。

绝对偏差(d_i)是单次测定值(x_i)与多次测定的平均值($\bar{x}$)之差,即

$$d_i = x_i - \overline{x}$$

相对偏差（d_r）是某次测定的绝对偏差在算术平均值中所占的百分比，即

$$d_r = \frac{d_i}{\overline{x}} \times 100\% = \frac{x_i - \overline{x}}{\overline{x}} \times 100\%$$

与误差一样，绝对偏差与相对偏差也有正负之分。

绝对偏差和相对偏差只能表示单次测定值与平均值的偏离程度，不能表示一组测量值中各测定值之间数据的分散程度，即不能表示精密度。为了描述多次测定结果的精密度，通常用平均偏差来表示。

平均偏差（$\overline{d}$）以单次测定偏差绝对值的平均值表示：

$$\overline{d} = \frac{|d_1| + |d_2| + \cdots + |d_n|}{n} = \frac{\sum\limits_{i=1}^{n} |d_n|}{n}$$

相对平均偏差（d_r）是平均偏差在测定平均值中所占的百分比：

$$\overline{d_r} = \frac{\overline{d}}{\overline{x}} \times 100\%$$

用平均偏差表示精密度时，对于个别较大偏差还不能很好地体现，而采用标准偏差就可以突出较大偏差对实验结果的影响。标准偏差又称为均方根偏差，当测量的次数不多时，测量的标准偏差（s）为

$$s = \sqrt{\frac{(x_1 - \overline{x})^2 + (x_2 - \overline{x})^2 + \cdots + (x_n - \overline{x})^2}{n - 1}} = \sqrt{\frac{\sum\limits_{i=1}^{n} (x_i - \overline{x})^2}{n - 1}}$$

相对标准偏差是标准偏差占平均值的百分比，也称为变异系数，用 C_V 表示，

$$C_V = \frac{s}{\overline{x}} \times 100\%$$

用标准偏差表示精密度比用平均偏差更合适，因为单次测定的偏差进行平方运算后，较大的偏差会更明显地反映出来，这样能更好地说明数据的分散程度。在要求不高的分析工作中，常用计算过程相对简便的平均偏差。而对于要求较高的分析，经常采用标准偏差来衡量精密度。

3. 准确度和精密度的关系

准确度由系统误差决定，系统误差是定量分析误差的主要来源；精密度由随机误差决定。精密度是保证准确度的先决条件，精密度差，则测定结果不可靠，就失去了衡量准确度的前提，所以准确度高一定需要精密度高。但精密度高并不能说明准确度一定高，它只表示分析测定的重现性好。因此，只有精密度和准确度都高的分析结果才是真实可靠的结果。

例如，甲、乙、丙、丁四人对同一样品分别进行了 4 次平行测定，其结果如图 1-9 所示。从图中可以看出：乙的精密度高，但准确度较低；丙的精密度和准确度均较低；丁的准确度高，但精

密度低;只有甲的精密度和准确度均较高。

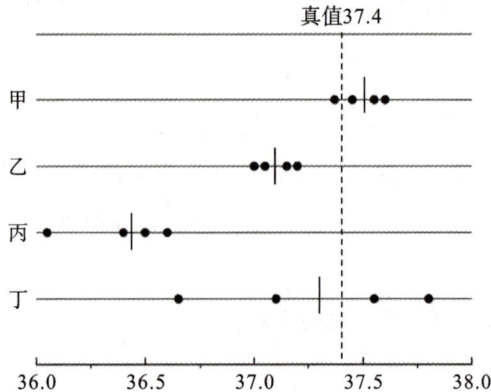

图1-9　准确度与精密度的关系

三、提高分析结果准确度的方法

从误差产生的原因来看,要提高分析结果的准确度,就必须规避分析过程中的误差。

1. 消除系统误差的方法

根据系统误差产生的原因,可以采用不同的方法来检验和消除系统误差。

(1)对照试验:对照试验是检查系统误差最常用和行之有效的方法。用含量已知的标准试样或纯物质,以同一方法按完全相同的条件进行对照分析,通过对标样的分析结果与其标准值的比较,可以判断试样分析结果有无系统误差。

(2)空白试验:所谓空白试验,就是在不加试样的情况下,按照试样分析步骤和条件进行分析试验,所得结果为空白值。然后,从试样测定结果中扣除此空白值,就可消除由于试剂、蒸馏水不纯及使用的器皿和环境不洁等引起的系统误差。若空白值较高,则应更换或提纯所用试剂。

(3)仪器校准:校准仪器可以消除由于仪器不准所引起的系统误差。如砝码、移液管、容量瓶、滴定管等的校正,以及各种量具之间(如移液管和容量瓶之间)的相对校准等。

(4)方法校正:分析方法所造成的系统误差,如重量分析法中沉淀的部分溶解等可用其他方法直接校正,选用公认的标准方法与所采用的方法进行比较,从而找出校正数据,消除方法误差。

2. 减少随机误差的方法

在消除系统误差的前提下,平行测定次数越多,平均值越接近真实值,即可适当增加平行测定次数来减小随机误差,从而提高分析结果的准确度。但是当测定次数增加到一定程度(10次)后,再继续增加测定次数效果并不显著。一般定量分析平行测定3~4次即可,要求高时,可适当增加平行测定次数。

3.减少相对误差的方法

在分析测定中,分析结果往往不是一步完成的,每步测定都有可能产生误差,并且都会传递到最终结果中去。为了保证分析结果的准确度,必须尽量减小分析过程中每一步的测量误差。

在滴定分析中,需要称量和滴定,这时就应该设法减少称量和滴定两步骤的误差。过小的取样量将会影响测定的准确度。为了满足相对误差小于0.1%的要求,分析天平称量量为0.2 g以上。滴定过程中一般要求滴定管消耗滴定液体积至少20 mL,在实际工作中,一般控制消耗滴定液的体积为20~30 mL,这样既减少了相对误差,又节省了时间和试剂。

四、分析检验的数据处理

1.有效数字

有效数字就是实际能测到的数字。有效数字的位数和分析过程所用的分析方法、测量方法及测量仪器的准确度有关。有效数字可以这样表示:

有效数字＝所有的可靠的数字＋一位可疑数字

有效数字的位数不同,说明用的称量仪器的准确度不同。例如:0.5 g用的是托盘天平进行测试,0.518 0 g用的是分析天平进行测试。

理化性质分析实验中记录的有效数字位数还直接反映了测定的相对误差。

2.有效数字位数的确定

(1)在实际分析工作中,记录数据要根据所使用量器的精度来决定,记录的数据应反映所使用仪器的准确度。

(2)数据中"0"的确定:"0"可作为普通数字使用或作为定位的标志。例如:0.600 0 g、20.05%、$6.325×10^3$ 均有四位有效数字;0.045 0 g、$2.57×10^3$ 有三位有效数字;0.8 g、0.005%、$5×10^2$ 则有一位有效数字。

(3)变换单位时,有效数字的位数不变。

(4)pH、pM、pK、lgK等对数值,其有效数字的位数取决于小数部分(尾数)数字的位数。

(5)分析计算中的倍数、分数及常数(π、e)等一些非测量数字的有效数字位数视为无限多。

3.有效数字修约规则

在计算一组准确度不等,即有效数字位数不同的数据前,应按照确定的有效数字位数,将多余的数字舍弃,舍弃多余数字的过程称为数字修约。数字修约遵循"四舍六入五成双"的规则,即当尾数小于或等于4时则舍,尾数大于或等于6时则入;尾数等于5而后面的数都为0时,5前面为偶数则舍,5前面为奇数则入;尾数等于5而后面还有不为0的任何数字,无论5前面是奇数还是偶数都入。

4. 有效数字计算规则

(1)加减法:先按小数点后位数最少的数据保留其他各数的位数,再进行加减计算,计算结果也使小数点后保留相同的位数。

(2)乘除法:先按有效数字最少的数据保留其他各数,再进行乘除运算,计算结果仍保留相同位有效数字。

(3)乘方或开方:对数据进行乘方或开方时,所得结果的有效数字位数保留应与原数据相同,例如:$2.34^2 = 5.48$。

(4)对数计算:对数尾数的位数应与真数的有效数字位数相同,例如:$pH = 11.20$,对应的 $[H^+] = 6.3 \times 10^{-12}$ mol/L。

(5)对于高含量组分(>10%)的测定,一般要求分析结果有 4 位有效数字;对于中含量组分(1%~10%),一般要求 3 位有效数字;对于微量组分(<1%),一般只要求 2 位有效数字。通常以此为标准,报出分析结果。

在上面的计算中,应对数字先修约再计算,这样既可使计算简单,又不会降低数字的准确度。为了提高计算结果的可靠性,计算的中间过程可以暂时多保留一位有效数字,但是得到最后结果时,一定要注意弃掉多余的数字。

五、实验数据的记录

1. 数据记录

原始数据记录是分析检验工作最重要的资料之一,认真做好原始记录,是保证实验数据可靠性的重要条件。记录时要注意以下几点:

①应有专用的记录本,并标上页码,记录本应留档相当时间以备查用。

②检验记录中应有检验日期、项目名称、检验次数、检验数据和检验人。

③可根据不同的检验要求,自行设计表格或自主记录和画图。

④要有科学严谨的态度,记录及时、准确、清晰、实事求是。

⑤检验中涉及的仪器型号、溶液浓度、室温等也要记录。

⑥记录数据的有效数字位数要与分析仪器的准确度一致。

⑦改动数据应清楚明确,不可随意涂改。

⑧检验结束后,应对数据进行核对、处理,以确定是否需补充或重做。

2. 可疑数据的取舍

在定量分析中,当进行平行多次测定时,可能会出现个别数据与其他数据相差较远的情况,这些数据称为可疑值。如果此值不是由明显的操作不当造成的,是舍弃还是保留,不能主观臆断,而要按照数理统计的规定进行处理。下面介绍 Q 值检验法。

Q 值检验法适用于 $3\sim10$ 个数据的检验,其具体步骤如下:

①将测定结果按从小到大的顺序排列: x_1 , x_2 , $\cdots$, x_{n-1} , x_n 。其中, x_1 和 x_n 为可疑数据。

②求出可疑值数据与相邻数据之差,然后除以最大值与最小值之差(即极差),所得商为 $Q_计$,即

$$Q_计 = \frac{|x_{可疑值} - x_{相邻值}|}{x_{max} - x_{min}}$$

将计算值 $Q_计$ 与临界值 $Q_表$ (见表 $1-5$)比较。若 $Q_计 < Q_表$,则可疑值为正常值,应保留,否则为异常值,应舍去。

表 1-5　不同测定次数 n 与置信水平的 Q 值

测定次数 n	Q（90%）	Q（95%）	Q（99%）
3	0.90	0.97	0.99
4	0.76	0.84	0.93
5	0.64	0.73	0.82
6	0.56	0.64	0.74
7	0.51	0.59	0.68
8	0.47	0.54	0.63
9	0.44	0.51	0.60
10	0.41	0.49	0.57

舍去一个异常值后,再用同样的方法检验另一端的可疑数据,直至无异常值为止。

六、实验数据的处理与表达方法

实验中测得的数据经归纳、处理后,其结果应以简明的方式表达出来。在理化性质分析实验中,数据处理和结果的表达通常采用列表法、图解法或数学方程法。

1. 列表法

列表法是将实验数据按自变量与因变量一一对应列表,并把相应的计算结果填入表中。使用列表法时应注意以下几点:

(1)每个表格应有序号及完整的表名。

(2)表格中每一横行或纵行应标明项目名称和单位,有时也可采用符号表示,如 V/mL , p/Pa , $t_{mp}/℃$ (熔点)等,斜线后表示单位。

(3)表中所列有效数字的位数应取舍相当;同一纵列中数字的小数点应上下对齐,以便相互比较;数字为零时计作"0";数值空缺时应记一横画"—"。

(4)必要时可在表的下方注明数据的处理方法或计算公式。

列表法简单明了,便于参考比较,不仅适用于表达实验结果,也可用于原始数据的记录。

2. 图解法

图解法是将实验数据按自变量与因变量的对应关系绘制成图形,这种图形可将变量间的变化趋向、变化速率、极大值、极小值、转折点及周期性等主要特征清楚直观地表现出来,便于分析研究。

图形的绘制方法如下:

(1)正确建立坐标轴和分度。选择大小适当的直角坐标纸,以 x 轴代表自变量、y 轴代表因变量,每个坐标轴均应标明名称和单位,如 $c/(\text{mol} \cdot \text{L}^{-1})$、$\lambda/\text{nm}$ 等。坐标分度应便于从图上读出任一点的坐标值,而且其精度应与测量精度一致。对于主线间为十等分的坐标纸,每格代表的变量值取 $1,2,4,5$ 等数量较为方便。曲线若为直线或近乎直线,则应使图形位于坐标纸的中央位置或对角线附近。比例尺的选择要得当,以便使图形准确显示变化规律。

(2)按原始数据标出作图点。用圆点(·)或叉(×)等符号将实验测得的原始数据标绘在坐标纸相应的位置上。若需在同一张坐标纸上表示几种不同的测量结果,则可选用不同符号加以区分,并需在图上注明不同符号所代表的含义。

(3)按作图点绘制曲线。若各数据点呈直线关系,则用铅笔和直尺依各点的趋向,在点群之间画出一直线,注意应使直线两侧点数及其与直线间距离接近相等。若各数据点呈曲线关系,则先用铅笔沿各点的变化趋向轻轻描绘,再以曲线板逐渐拟合,绘出光滑曲线。描绘曲线时,不一定通过图上所有点及两端的点,但应力求使各点均匀地分布在曲线两侧邻近处。

(4)标注图名。每幅图都应标有简明的图名,并注明取得数据的主要实验条件等。

3. 数学方程法

数学方程法是将整理过的实验数据总结为一个数学方程表达式。还可按数学方程式编制计算程序,由计算机完成数据处理和表图制作等。数学方程法可更精确地表达自变量和因变量之间的函数关系。

任务 评价

考核内容	分值	得分
判断分析过程中误差的类型	25	
使用误差和偏差分别表示分析结果的准确度和精密度	25	
准确进行分析结果有效数字的记录	25	
掌握有效数字的运算规则	25	
总分	100	

思考 测试

1.系统误差和随机误差有何区别？能否彻底避免系统误差？

2.请举例说明几个能够减少误差的方法。

3.使用托盘天平和分析天平进行质量测试时,测试结果分别需要保留几位有效数字？

4.有效数字修约需要遵循什么规则？

5.在化学实验中,数据处理和结果的表达通常采用哪些方法？

模块二

物理量的测定

模块导入

材料的各种物理量是一种本质属性,通过物理量可以对材料进行分类和鉴定。例如,电阻率是衡量材料导电性能优劣的物理量,根据电阻率不同可以将材料划分为导体、半导体和绝缘体。常见的金属材料属于导体,而芯片中广泛使用的硅材料则属于半导体。

通过本模块 4 个任务的学习和实训,首先应当熟知密度、电阻率、硬度和沸点这几种物理量的定义,进而掌握各种物理量的测量方法,在生产生活中灵活运用物理量对材料进行分类和鉴定。

知识目标

(1)熟知密度、沸点等物理量的含义;

(2)了解四类常见硬度的基本概念;

(3)了解伏安法测电阻的基本原理。

能力目标

(1)学会使用电子天平和密度计;

(2)掌握游标卡尺与螺旋测微仪的使用方法;

(3)掌握实验室常见加热和控温设备的操作要领与注意事项。

素质目标

(1)分组进行物理量的测量,提升团队协作能力;

(2)实验过程中观察与思考相结合,培养批判性思维。

▶ 任务1　材料密度的测定

任务描述

　　生活中会用到各式各样的材料，它们的密度是怎样测定的？ 例如在常见金属材料中，镁的密度是最低的，因而镁在航空航天和汽车轻量化方面具有广阔的应用前景。通过课前预习和教师讲解，掌握测定材料密度的相关知识，熟练使用电子天平、游标卡尺等仪器，根据给定的任务测量相应材料的密度。掌握不同测量密度的方法，理解相关的概念与原理。

知识准备

一、电子天平

　　电子天平是一种称量物体质量的设备，如图 2-1 所示。它利用电子装置完成电磁力补偿的调节，使物体在重力场中实现力的平衡，或通过电磁力矩的调节，使物体在重力场中实现力矩的平衡，然后检测出物体的实际质量。

图 2-1　电子天平

1.电子天平的结构

电子天平主要包括外框部分、称量部分和键盘部分等。

（1）外框部分：用以保护电子天平的外框一般为镶有玻璃的合金框架，顶部和左右两侧均有可移动的玻璃门，供称量时使用。

（2）称量部分：称量部分包括水平仪、盘托、秤盘、传感器等。水平仪位于天平框罩内、秤盘的左（或右）前方，用来指示天平的水平情况；秤盘位于框罩内中部，多为金属材料制成；盘托位于秤盘的下面，用来支承秤盘；传感器由外壳、磁钢、极靴和线圈等组成，装于秤盘的下方，其作用是检测被测物加载瞬间线圈及连杆所产生的位移。称量时要保持称量室清洁卫生，不许随便调换秤盘，称量时勿使样品洒落，以保护传感器。

（3）键盘部分：电子天平的按键用于设定和控制，操作灵活方便。

2. 电子天平的使用方法

（1）检查并调整天平至水平位置。

（2）事先检查电源是否匹配（必要时配置稳压器），按仪器要求预热至所需时间。

（3）预热足够时间后打开天平开关，天平自动进行灵敏度及零点调节。若天平未处于零位，则按去皮键（TARE，也叫清零键）调零。待显示稳定后，可进行正式称量。

（4）称量：在秤盘上放上器皿，关上侧门，读取数值并记录，此数值为器皿质量。随后，按去皮键调零，使天平重新显示为零。在器皿内加入样品至显示所需质量为止，记录读数，此数值为样品质量。将器皿连同样品一起拿出。若继续称量，则重复执行上述操作。

（5）关机：按关机键，显示器熄灭。

（6）称量结束，切断电源，罩好天平罩，并做好使用情况登记。

3. 操作指南与安全提示

（1）天平应放置在牢固、平稳的试验台上，室内要求清洁、干燥及温度较恒定，同时应避免光线直接照射到天平上。

（2）称量时应从侧门取放物质，读数时应关闭玻璃门，以免空气流动引起示数波动。前门仅在检修或清除残留物质时使用。

（3）电子分析天平若长时间不使用，则应定时通电预热，以确保仪器始终处于良好使用状态。

（4）天平箱内应当注意防潮。

（5）挥发性、腐蚀性、强酸强碱类物质应盛于带盖称量瓶内称量，防止腐蚀天平。

（6）称量工作完成后，必须取下秤盘上的被称物才能关闭电源，否则会损坏天平。

（7）电子天平在安装或移动位置后，需先进行校准才可以使用。

二、密度及其测定方法

1. 密度的基本概念

物质的密度是指在一定的温度和压力下单位体积内所含物质的质量，用符号 ρ 表示，单位有 g/cm^3、kg/m^3 和 g/mL、kg/L 等。国家标准规定液态产品密度的标准测定温度为 20 ℃。这是因为液体的体积受温度的影响较大,因此密度的测定和使用都必须注明温度。在实际工作中还会遇到相对密度,它是指 20 ℃时物质的质量与 4 ℃时等体积纯水的质量之比,符号为 ρ_{420},是无单位物理量。不同温度下水的密度见表 2-1。

表 2-1　不同温度下水的密度

温度/℃	密度/(g·cm^{-3})	温度/℃	密度/(g·cm^{-3})	温度/℃	密度/(g·cm^{-3})	温度/℃	密度/(g·cm^{-3})
0	0.998 7	15	0.999 13	19	0.998 43	23	0.997 56
4	1.000 00	16	0.998 79	20	0.998 23	24	0.997 32
5	0.999 93	17	0.998 80	21	0.998 02	25	0.997 07
10	0.999 73	18	0.998 62	22	0.997 79	26	0.995 67

2. 密度计法测定密度

常用测定液体密度的方法有密度计法、密度瓶法和韦氏天平法等。

其中,密度计法是将密度计插入待测样品中,通过密度计刻度直接读出样品的密度。密度计法测定密度基于阿基米德原理,当密度计沉入液体时,排开一部分液体,并受到自下而上的等于排开的液体重量的浮力。排开液体的重量等于密度计本身的重量时,密度计处于平衡状态。这种方法虽然准确度较低,但是简便、快速,很适合工业生产中的日常控制测定。

密度计一般用玻璃制成,中间部分较粗,内有空气,所以放在液体中时,可以浮起;下部装有小铅粒形成重锤,能使密度计直立于液体中;上部较细,管内有刻度标尺,可以直接读出密度值。密度计的种类较多,刻度也不尽相同,常用的有如下两种:一种用于测定密度小于水的物质,如石油组分、白酒等;另一种用于测定密度大于水的物质。通常由几支不同规格的密度计组成一套,每支都有一定的测定范围。表 2-2 列举了密度计法测定密度实验所需仪器的种类及规格。

表 2-2　　密度计法测定密度所需仪器

仪器名称	仪器规格
密度计	分度值为 0.000 1 g/mL
恒温水浴锅	温度控制在 (20±0.1)℃
温度计	0~50 ℃,分度值为 0.1 ℃
玻璃量筒	100~250 mL

使用密度计测定密度的具体步骤如下:

(1)清洗量筒。将用来盛装样品的量筒清洗干净,然后进行干燥。

(2)取样。将待测液体样品小心地沿筒壁倒入清洁、干燥的量筒中,并注意避免在液体中产生气泡。

（3）清理密度计。选择相应的密度计，使用前将其清理干净。

（4）测量。将密度计轻轻插入待测样品中，注意不能与量筒内壁直接触碰。

（5）读数。待密度计停止摆动后，读出待测样品的密度值，同时测出样品的实际温度。

（6）结果计算。在测定温度下试样的相对密度 ρ_t 按下式计算：

$$\rho_t = \rho_t{}' + \rho_t{}' \times \alpha (20 - t)$$

式中，$\rho_t{}'$——试样在温度 t 时密度计的读数，g/mL；

　　　α——密度计的玻璃膨胀系数，一般为 0.000 025；

　　　t——测定时的实际温度，℃；

　　　20——密度计的标准温度，℃。

（7）密度换算。由于密度计干管读数是以纯水在 4 ℃时的密度为 1 g/mL 作为标准刻制标度的。因此，测定后要将密度换算成标准密度。当温度在（20 ± 5）℃范围内时，由下式换算：

$$\rho_{20} = \rho_t + \gamma (t - 20)$$

式中，ρ_{20}——样品在 20 ℃时的密度，g/mL；

　　　ρ_t——样品在温度 t（℃）时测定的密度，g/mL；

　　　γ——样品密度的平均温度系数，可查表 2 - 3 得到；

　　　t——测定样品时的实际温度，℃。

表 2 - 3　样品密度的平均温度系数

$\rho_{20}/(\text{g} \cdot \text{mL}^{-1})$	$\gamma/(\text{g} \cdot \text{mL}^{-1} \cdot \text{℃}^{-1})$	$\rho_{20}/(\text{g} \cdot \text{mL}^{-1})$	$\gamma/(\text{g} \cdot \text{mL}^{-1} \cdot \text{℃}^{-1})$
0.700～0.710	0.000 897	0.850～0.860	0.000 699
0.710～0.720	0.000 884	0.860～0.870	0.000 686
0.720～0.730	0.000 870	0.870～0.880	0.000 673
0.730～0.740	0.000 857	0.880～0.890	0.000 660
0.740～0.750	0.000 844	0.890～0.900	0.000 647
0.750～0.760	0.000 831	0.900～0.910	0.000 633
0.760～0.770	0.000 813	0.910～0.920	0.000 620
0.770～0.780	0.000 805	0.920～0.930	0.000 607
0.780～0.790	0.000 792	0.930～0.940	0.000 594
0.790～0.800	0.000 778	0.940～0.950	0.000 581
0.800～0.810	0.000 765	0.950～0.960	0.000 568
0.810～0.820	0.000 752	0.960～0.970	0.000 555

$\rho_{20}/(g \cdot mL^{-1})$	$\gamma/(g \cdot mL^{-1} \cdot \text{℃}^{-1})$	$\rho_{20}/(g \cdot mL^{-1})$	$\gamma/(g \cdot mL^{-1} \cdot \text{℃}^{-1})$
0.820～0.830	0.000 738	0.970～0.980	0.000 542
0.830～0.840	0.000 725	0.980～0.990	0.000 529
0.840～0.850	0.000 712	0.990～1.000	0.000 518

知识 延伸

密度(比重)的概念在我国很早就被提出和应用了。《孟子·告子下》中就有这样的记载："金重于羽者,岂谓一钩金与一舆羽之谓哉?"(平时所说金子比羽毛重,是指相同体积时的金子和羽毛之比,而绝不是将一只金钩子的重量与一车羽毛的重量去作比较。)在测定物质密度上,我国古代的制盐工人创制了早期的液体比重计。宋代姚宽《西溪丛语》中有这样一段话:"予监台州杜渎盐场日,以莲子试卤。择莲子重者用之,卤浮,三莲、四莲味重,五莲尤重。莲子取其浮则直,若二莲直,或一直一横,即味差薄;若卤更薄,即莲沉于底,而煎盐不成。闽中之法,以鸡子、桃仁试之,卤味重,则正浮在上,咸淡相半,则二物俱沉,与此相类。"其中记载了我国古代制盐工人测定盐卤密度的两种方法:一种是用浮莲法,即选重的莲子数颗,放入盐卤中,盐卤浮莲的数目越多,盐味越重;另一种是用鸡蛋或桃仁的沉浮情况来测定盐卤的密度,当盐卤的密度大,而鸡蛋或桃仁的平均密度相对小时,则鸡蛋或桃仁就浮出液面,如盐卤淡,其密度小于鸡蛋或桃仁的平均密度时,鸡蛋或桃仁就下沉。这两种方法与现代所用的浮子式密度(比重)计的原理是一致的。明代陆容在《菽园杂记》中也有一段记载:"然后以重三分莲子试之(卤水),先将小竹筒装卤,入莲子于中,若浮而横倒者,则卤极咸,乃可煎烧;若立浮于面者,稍淡;若沈(沉)而不起者,全淡,俱弃不用。"这种与莲子配合使用的小竹筒,已成了一支携带方便的液体密度(比重)计,其原理与现代所用的浮笔式密度(比重)计相同。

任务 实施

测定金属材料(镁、铝、不锈钢)的密度

[实验目的]

(1)练习使用电子天平,熟悉游标卡尺的使用方法。

(2)学习测定几种金属材料的密度。

[实验原理]

1. 规则物体的密度测定

若一物体形状规则,其质量为 m,体积为 V。根据密度的定义,有

$$\rho = m/V$$

质量 m 由天平测定,体积 V 通过测量长度并计算可得到。

2. 不规则物体的密度测定(待测金属的密度大于水的密度)

(1)先利用电子天平称出待测金属在空气中的质量 m;

(2)往量筒中注入适量水,读出体积 V_1;

(3)用细绳系住金属块放入量筒中,浸没,读出体积 V_2。

计算表达式:

$$\rho = \frac{m}{V_2 - V_1}$$

[实验用品]

电子天平、游标卡尺、烧杯、待测金属样品(圆柱形镁锭、铝锭,不规则形状的不锈钢样品)、细绳、量筒等。

[实验步骤]

1. 学习使用电子天平

使用前要认真了解电子天平的构造原理,熟悉使用、调整方法。

2. 测定物体的密度

(1)测量圆柱形镁锭和铝锭的高度和直径,计算体积 V;

(2)用天平称出物体的质量 m;

(3)计算物体的密度及相对误差。

3. 不规则物体密度的测定(密度大于水的金属块)

(1)测定不锈钢金属块在空气中的质量 m;

(2)量筒初始装水体积示数 V_1;

(3)将待测不锈钢样品放入量筒后(水面超过样品),量筒装水体积示数 V_2;

(4)计算不规则不锈钢金属块的密度及相对误差。

[数据记录与处理]

将实验数据记录入表 2-4 和表 2-5。

表 2-4   规则镁锭、铝锭密度数据

样品	高度 h /( )	直径 d /( )	体积 V /( )	质量 m /( )	密度 ρ /( )	相对误差 $\delta = \dfrac{\rho_{测} - \rho_{真}}{\rho_{真}} \times 100\%$
镁锭						
铝锭						

注:在"(   )"里填写单位。

表 2-5   不规则不锈钢金属块密度数据

质量 m_1 /( )	体积 V_1 /( )	体积 V_2 /( )	密度 ρ /( )	相对误差 $\delta = \dfrac{\rho_{测} - \rho_{真}}{\rho_{真}} \times 100\%$

注:"(   )"里填写单位。

参考数据:镁、铝、不锈钢密度的理论值。

$$\rho_{镁} = 1.74 \text{ g/cm}^3 \qquad \rho_{铝} = 2.7 \text{ g/cm}^3 \qquad \rho_{不锈钢} = 7.8 \text{ g/cm}^3$$

[注意事项]

(1)要区分好密度公式中的各个质量;

(2)实验做完后,整理好仪器。

任务拓展

使用矿物岩石密度计测量材料密度

[实验目的]

(1)练习矿石密度计的使用方法。

(2)学习测定白云石、硅铁等皮江法炼镁原料的密度。

[实验原理]

参照"知识准备"内容。

[实验用品]

密度计、烧杯、待测白云石样品、硅铁矿石样品、细绳等。

图 2-2 所示为矿物岩石密度计,可用于检测白云石、硅铁、萤石、料球、煅白等皮江法金属镁冶炼原料在空气中和水中的平均重量及视密度、体积。

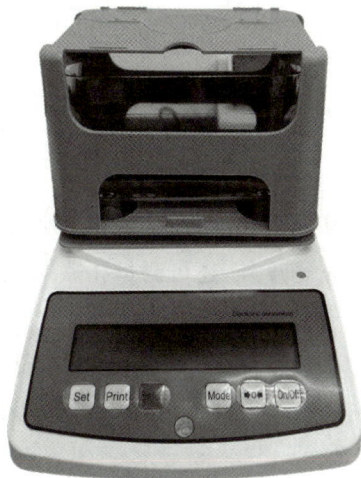

图 2-2　矿物岩石密度计

[实验步骤]

1. 对于不吸水材料(硅铁、萤石等)

(1)开机,按归零键调零。

(2)将样品放在测试台上,待其稳定后按"ENTER"键,出现"------"表示正在储存中。天平左方显示"Llq"代表已经记录产品在空气中的质量。

(3)将样品放入水中吊篮上,待稳定后按"ENTER"键,机器会直接显示密度值和体积值。

2. 对于吸水材料(煅白、料球等)

(1)将仪器设置为吸水材料模式,调零。

(2)将样品放在测试台上,待其稳定后按"ENTER"键,天平右方显示"SAV-A",表示已记录样品在空气中的质量。将经防水处理后的样品放在测量台上,待稳定后按"ENTER"键,天平右方显示"SAV-B",表示已记录防水处理后的样品在空气中的质量。

(3)拿镊子将样品放入液体中的吊篮上,待稳定后按"ENTER"键,天平右方显示"SAV-C",表示已记录样品在水中的质量。按"MODE"键可切换显示样品体积。

[数据记录与处理]

将测量数据和计算结果填入表 2-6。

表 2 - 6 矿石密度数据

测试组别	1	2	3	计算密度平均值
硅铁矿石				
白云石				

[注意事项]

(1)矿物岩石密度计主要针对矿石等领域,适合要求较高的场合;

(2)矿物岩石密度计除了可测量密度外,还可测量孔隙率、吸水率等;

(3)实验做完后,整理好仪器。

任务评价

考核内容	分值	得分
实验前预习原理	10	
穿着实验服,正确佩戴护具	10	
正确进行称量操作	20	
规范使用电子天平	20	
规范使用游标卡尺	20	
实验后数据处理正确	20	
总分	100	

思考测试

1.如果实验中用的液体不是水而是煤油,实验结果会有什么不同?

2.使用电子天平时应当注意哪些事项?

3.不规则物体的体积如何测量?

4.使用密度计时需要考虑温度的影响吗? 为什么?

▶ 任务 2　金属电阻率的测定

任务描述

电阻率是金属材料的一种电学特性,可以用来比较不同金属(如镁、铝、铜)之间导电性的优劣。要测定金属的电阻率,需要选择这种金属制成的导线,先测出金属导线接入电路部分的长度;再用螺旋测微仪测出金属导线的直径,算出导线的横截面积;然后用"伏安法"测出导线的电阻;最后根据公式求得金属的电阻率。

通过本任务的学习,我们将熟悉长度测量工具的使用、电路仪器的连接,了解其使用方法和注意事项,并熟练地使用公式推导计算,掌握金属电阻率测定的基本方法。

知识准备

一、材料的电阻率

电阻率是用来表示各种物质电阻特性的物理量。用某种材料制成的长为 1 m、横截面积为 1 m^2 的导体的电阻,在数值上等于这种材料的电阻率。

在一定温度下,材料的电阻可以由下式计算:

$$R = \frac{\rho L}{S}$$

式中,ρ——电阻率,$\Omega \cdot m$;

L——材料的长度,m;

S——材料的横截面积,m^2。

可以看出,在温度一定的情况下,电阻与长度成正比,即在材料和横截面积不变时,长度越长,电阻越大;而电阻与横截面积成反比,即在材料和长度不变时,横截面积越大,电阻越小。

二、长度测量工具

1. 游标卡尺的结构与原理

游标卡尺由主尺和游标两部分组成,如图 2-3 所示。当活动量爪与固定量爪贴合时游标上的"0"刻度线(简称游标零线)对准主尺上的"0"刻度线,此时量爪间的距离为 0,当游标向右移到某一位置时,固定量爪与活动量爪之间的距离就是零件的测量尺寸。此时零件尺寸的整数部分,可在游标零线左边的主尺刻度线上读出来;而比 1 mm 小的小数部分,可借助游标读数机构读出。

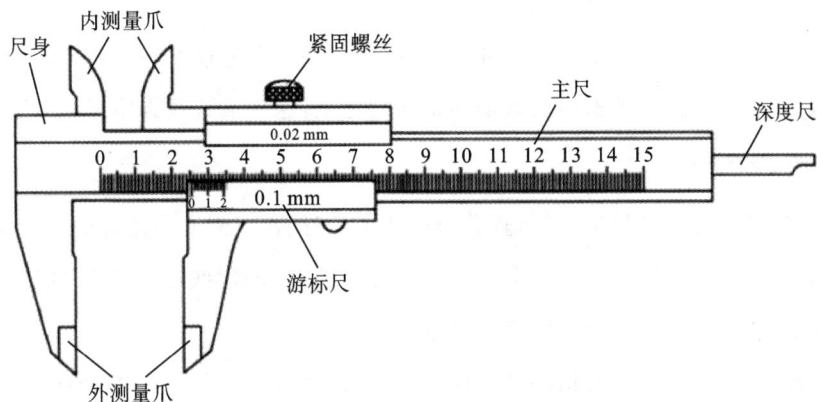

图 2-3 游标卡尺的外观

对于游标读数值为 0.1 mm 的游标卡尺,主尺刻度线间距(每格)为 1 mm,当游标"0"刻度线与主尺"0"刻度线对准(两爪合并)时,游标上的第 10 根刻度线正好与主尺上的 9 mm 刻度线对齐,而游标上的其他刻度线都不会与主尺上的任何一条刻度线对齐,如图 2-4(a)所示。

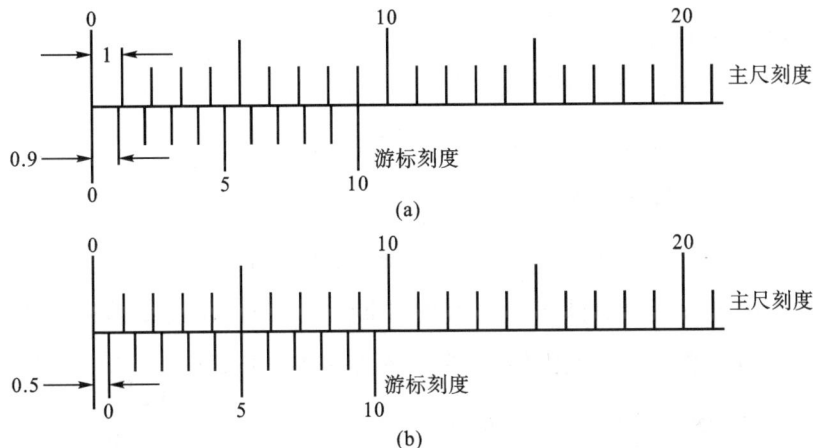

图 2-4 游标卡尺的读数

游标每格间距=9 mm÷10=0.9 mm,主尺每格间距与游标每格间距相差=1 mm-0.9 mm=0.1 mm,该 0.1 mm 即为此游标卡尺上游标所读出的最小数值,比 0.1 mm 更小的数值无法读出。

当游标向右移动 0.1 mm 时,游标"0"刻度线后的第 1 根刻度线与主尺刻度线对齐;当游标向右移动 0.2 mm 时,游标"0"刻度线后的第 2 根刻度线与主尺刻度线对齐,依次类推。若游标向右移动 0.5 mm,如图 2-4(b)所示,则游标上的第 5 根刻度线与主尺刻度线对准。由此可知,当游标向右移动不足 1 mm 的距离时,虽然不能直接从主尺上读出,但可以由游标的某一根刻度线与主尺刻度线对齐时,该游标刻度线的次序数乘其读数值而读出其小数值。例如图2-4(b)所示的游标读数为 $5 \times 0.1 \text{ mm} = 0.5 \text{ mm}$。

我们希望直接从游标卡尺上读出尺寸的小数部分,而不要通过上述的换算,为此,把游标的刻度线次序数乘其最小读数值所得的数值标记在游标上,这样读数就方便了。

2. 游标卡尺的使用

在使用游标卡尺时应将量爪并拢,查看游标和主尺身的"0"刻度线是否对齐。如果对齐,就可以进行测量;如果没有对齐,则要记取零误差。游标的"0"刻度线在主尺"0"刻度线右侧的叫正零误差,在主尺"0"刻度线左侧的叫负零误差。

测量时,右手拿住主尺,大拇指移动游标,左手拿待测外径(或内径)的物体,使待测物位于外测量爪之间(或内测量爪之外),当测量爪与物体表面紧紧相贴时,即可读数。

游标卡尺是比较精密的量具,使用时应注意如下事项:

①使用前首先擦净测量爪,检查游标"0"刻度线与主尺"0"刻度线是否对齐。若未对齐,则应根据原始误差修正测量读数。

②测量工件时测量爪必须与工件的表面平行或垂直,不得歪斜,且用力不能过大,以免测量爪变形或磨损,影响测量精度。

③读数时,视线要垂直于尺面,否则测量值不准确。

④测量内径尺寸时,应轻轻摆动测量爪,使其贴合内表面。

3. 螺旋测微器的结构与原理

螺旋测微器又称千分尺,是比游标卡尺更精密的长度测量工具,如图2-5所示,用它测长度可以准确到 0.01 mm,并估读到下一位,最终结果到微米(毫米的千分位)。螺旋测微器测量范围为几厘米,常用来测量线度小且准确度要求较高的物体的长度。

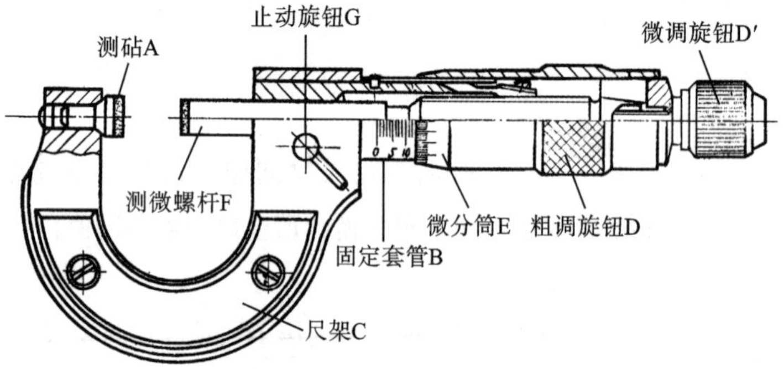

图 2-5 螺旋测微器的外观

螺旋测微器的结构组成如下:

①测砧 A 和测微螺杆 F:用来夹紧待测试样。

②固定套管 B:用于读取毫米刻度值(包括 0.5 mm)。

③微分筒 E:用于读取微米刻度值(包括估读)。

④止动旋钮 G:锁定测量值。

⑤粗调旋钮 D:转动套筒,使测微螺杆 F 前进或后退。

⑥微调旋钮 D':用于测微螺杆 F 的微调。

螺旋测微器是依据螺旋放大的原理制成的,即螺杆在螺母中旋转一周,螺杆便沿着旋转轴线方向前进或后退一个螺距的距离。因此,沿轴线方向移动的微小距离就能用微分筒 E 圆周上的读数表示出来。

常用螺旋测微器精密螺纹的螺距是 0.5 mm,可动刻度有 50 个等分刻度,可动刻度旋转一周,测微螺杆可前进或后退 0.5 mm(见图 2-6)。

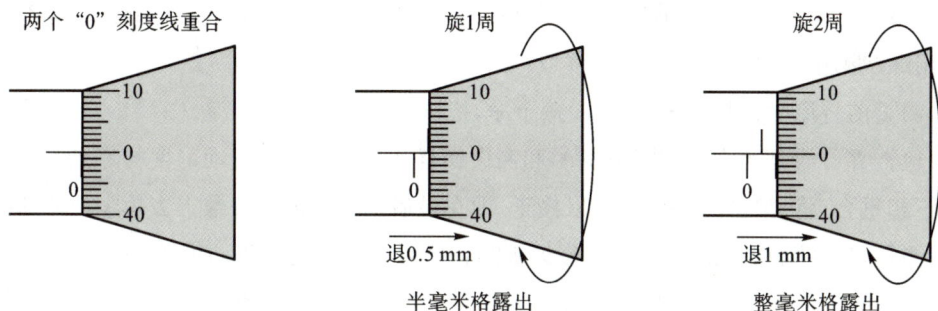

图 2-6 螺旋测微器的测微螺杆

微分筒 E 每旋转一个小分度,相当于测微螺杆 F 前进或后退 0.5 mm/50＝0.01 mm,即每一小分度表示 0.01 mm,所以螺旋测微器读数可准确到 0.01 mm。由于还能再估读一位,可读到毫米的千分位,故螺旋测微器又名千分尺。

4. 螺旋测微器的使用方法

使用螺旋测微器前应先检查零点。如图 2-5 所示,缓缓转动粗调旋钮 D 和微调旋钮 D',使测微螺杆 F 和测砧 A 接触,直到听见声音为止,此时微分筒 E 上的"0"刻度线应当和固定套管 B 上的基准线(长横线)对正,否则有零误差。

测量时,左手持尺架 C,右手转动粗调旋钮 D 使测微螺杆 F 与测砧 A 间距稍大于被测物,放入被测物,转动粗调旋钮 D 到夹住被测物,直到听见声音为止,拨动止动旋钮 G,使测杆固定后读数。测量时被测物体长度的整毫米和半毫米数由主尺上的固定套管 B 读出,不足半毫米的部分由螺旋测微器的微分筒 E 读出。

先读固定刻度值,以螺旋测微器微分筒 E 边缘为准,读取固定套管 B 上的固定刻度数,结果为半毫米的整数倍(注意半毫米的刻度线是否露出)。如图 2-7(a)所示固定刻度值为 5 mm,

图 2 - 7(b)所示固定刻度值为 5.5 mm。

图 2 - 7 螺旋测微器的读数

再读可动刻度值,读出固定套管 B 上长横线所对准的螺旋测微器刻度数(注意需估读一位),则可动刻度值=可动刻度数(含估读一位)×0.01 mm。如图 2 - 7(a)所示可动刻度值=38.3×0.01 mm=0.383 mm,图 2 - 7(b)所示可动刻度值也为 0.383 mm。

最后两者相加,得到最终读数=固定刻度值+可动刻度值。如图 2 - 7(a)所示最终读数=5 mm+0.383 mm=5.383 mm,图 2 - 7(b)所示最终读数=5.5 mm+0.383mm=5.883 mm。

使用螺旋测微器时应当注意如下事项:

(1)测量前将测微螺杆 F 和测砧 A 擦干净,把试样待测量面擦干净。

(2)检查零位线是否准确,当测砧 A 和测微螺杆 F 并拢时,若可动刻度的零点与固定刻度的零点不相重合,将出现零误差,应加以修正,即在最后测得长度的读数上去掉零误差的数值。

(3)测量时,注意在测微螺杆 F 快靠近被测物体时应停止使用粗调旋钮 D 而改用微调旋钮 D′,避免产生过大的压力,这样既可使测量结果精确,又能保护螺旋测微器。

(4)在读数时,要注意固定套管 B 上表示半毫米的刻度线是否露出。

(5)对于读数结果,毫米千分位有一位估读数字,不能随便舍去,即使固定套管 B 的零点正好与微分管 E 的某一刻度线对齐,毫米千分位上也应读取为"0"。

(6)不允许在测微螺杆 F 锁定时强行将待测试样卡入或拉出,防止划伤测微螺杆 F 和测砧 A 被研磨抛光的端面。

(7)将螺旋测微器放回盒内时,要注意将测微螺杆 F 退旋几转,与测砧 A 留有一定的空隙,避免受热膨胀使螺杆变形。

(8)不要拧松后盖仪器,以免造成零位线改变。

(9)使用过程中轻拿轻放,防止磕碰摔坏螺旋测微器。

三、电学测量工具

1. 电流表

电流表依据通电的导体在磁场中受力的原理制成,其外观如图 2 - 8 所示。电流表内部有一永磁体,磁体两极间产生磁场,在磁场中有一个线圈,线圈两端各有一个游丝弹簧,弹簧各连接电流表的一个接线柱,弹簧与线圈由一个转轴连接,在转轴相对于电流表的前端,有一个指针。当有电流通过时,电流沿弹簧、转轴通过磁场,电流切割磁感线,受磁场力的作用,使线圈发生偏转,带动转轴、指针偏转。由于磁场力的大小随电流增大而增大,因此可以通过指针的偏转程度来反映电流的大小。

图2-8　电流表的外观

1)电流表的使用步骤

(1)校零。用平口螺丝刀调整零点调节螺丝(校零旋钮)。

(2)选用量程(用经验估计或采用试触法)。先看清电流表的量程(一般在表盘上有标记),确认最小的一格表示多少安培,把电流表的正负接线柱接入电路后,观察指针位置。可以先试触一下,若指针摆动不明显,则换小量程的电流表。若指针摆动角度过大,则换大量程的电流表。一般指针在表盘中间附近读数比较合适。具体归纳起来,可总结为"三看":一看量程,即电流表的测量范围;二看分度值,即表盘的一小格代表多少;三看指针位置,即指针的位置包含了多少个分度值。

2)使用电流表时的注意事项

(1)绝对不允许不经过用电器而把电流表直连到电源的两极上(电流表内阻很小,相当于一根导线,若将电流表直接连到电源的两极上,轻则打弯指针,重则烧坏电流表、电源、导线)。

(2)电流表要与用电器串联在电路中(若电流表并联在电路中,电流表短路,会烧毁电流表)。

(3)电流要从"+"接线柱流入,从"-"接线柱流出(否则指针反转,容易弯折)。

(4)被测电流不要超过电流表的量程(可以采用试触的方法来看电流是否超过量程)。

2. 电压表

传统指针式电压表的外观如图2-9所示,它也是根据电流的磁效应制作的,电流越大,所产生的磁场力越大,电压表上指针的摆幅就越大。电压表内有一个磁铁和一个导线线圈,线圈通电后在磁铁的作用下会旋转。

图 2 - 9　电压表的外观

1)传统指针式电压表的连接方法

(1)电压表要与被测电阻或电器并联。

(2)观察指针是否指在"0"刻度线处,若没有,则需要调节调零旋钮,将指针调零。

(3)必须让电流从电压表的正极(红色接线柱)流入,从负极(黑色接线柱)流出。注意:如果电压表的正负极接反,则指针会反转。

(4)必须正确选择电压表的量程。

2)试触法选择量程的具体操作方法

(1)接 0~15 V 的量程,将开关迅速闭合并断开,观察指针是否超过最大量程的刻度线;若超过,则需要换用更大量程的电压表。

(2)如果指针的偏转没有超过量程,且电压表示数大于 3 V,则应接 0~15 V 的量程。

(3)如果电压表示数小于 3 V,则应接 0~3 V 的量程。

3)传统指针式电压表的读数

(1)明确所选电压表的量程(根据接线柱来判断)。

(2)看清每个量程的分度值。0~3 V 的量程,分度值是 0.1 V;0~15 V 的量程,分度值是 0.5 V。

3)使用电压表时的注意事项

(1)如果电压表和被测用电器串联,会导致电压表的示数几乎等于电源电压。

(2)可以将电压表直接接在电源两极之间,这样可以测出电源的电压值。

(3)先估测电压的大小,再选择合适的量程。

(4)无法估测时,可利用试触法选择量程。

3. 电阻器

在日常生活中电阻器一般称为电阻,它是一个限流元件。将电阻接入电路后,可限制通过它所连支路的电流大小。电阻值不能改变的电阻器称为固定电阻器,电阻值可变的电阻器称为电位器或可变电阻器。理想的电阻器是线性的,即通过电阻器的瞬时电流与外加瞬时电压成正比。

滑动变阻器是一种可变电阻器,它可以通过滑动来改变自身的电阻,从而起到控制电路的作用。滑动变阻器一般包括接线柱、滑片、电阻丝、金属滑杆和瓷筒等五部分,如图 2-10 所示。滑动变阻器的电阻丝绕在绝缘瓷筒上,电阻丝外面涂有绝缘漆。在电路分析中,滑动变阻器既可以作为一个定值电阻,也可以作为一个变值电阻。

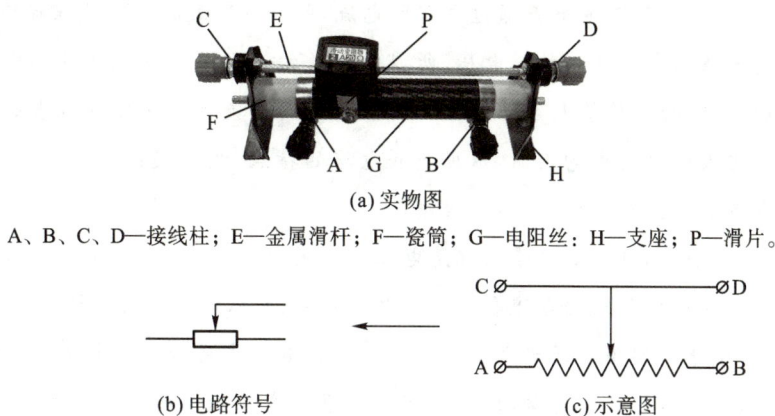

(a)实物图

A、B、C、D—接线柱;E—金属滑杆;F—瓷筒;G—电阻丝;H—支座;P—滑片。

(b)电路符号　　　　　(c)示意图

图 2-10　滑动变阻器

滑动变阻器的连接方法有 6 种,分别为 AB、AC、AD、BD、BC、CD。其中只有 AC、AD、BD、BC 这四种方法(也就是所谓的"一上一下")可以改变阻值,剩下的两种不能改变阻值。

(1)当接 AC 或 AD 时,滑片 P 向左移动电阻变小,电流变大;滑片 P 向右移动电阻变大,电流变小。

(2)当接 BC 或 BD 时,滑片 P 向左移动电阻变大,电流变小;滑片 P 向右移动电阻变小,电流变大。

(3)当接 CD 时,这时相当于一条导线,电阻几乎为 0,电流非常大,移动滑片 P 不会改变接入电路的电阻值。注意,如果这样直接接到电源上,就会发生短路。

(4)当接 AB 时,移动滑片 P 也不会改变接入电路的电阻值,此时的电阻是最大的,相当于一个定值电阻。

知识延伸

利用伏特表和安培表分别测量出电阻两端的电压和通过电阻的电流,在认为电压表的电阻很大(可以认为无穷大)、电流表的电阻很小(可以认为等于 0)的前提下,运用欧姆定律求解电阻,称"伏安法测电阻"。

如果考虑到电压表和电流表的电阻对电路的影响,那么测量电阻的电路就有两种,根据电流表位置的不同,分别称为内接法和外接法,如图 2-11 所示。

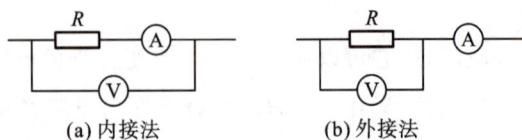

(a) 内接法　　　　(b) 外接法

图 2-11　内接法与外接法示意图

在内接法中,电流表测量的就是通过电阻的电流,所以电流表的示数是准确的,而电压表的读数表示的是电流表和电阻两端的总电压,所以电压表的示数大于电阻两端的电压,由欧姆定律 $R=U/I$ 可知,电阻的测量值大于真实值。两者之间的误差主要是由电流表的分压引起的,如果电阻的阻值远大于电流表的内阻,根据串联电路的特点,测量误差较小。所以当待测电阻的阻值远大于电流表内阻时,通常采用内接法。

类似地,在外接法中,电压表测量的就是电阻两端的电压,电压表的示数是准确的,而电流表的读数表示的是通过电压表的电流和电阻的电流之和,所以电流表的示数大于通过电阻的电流,电阻的测量值小于真实值。两者之间的误差主要是电压表的分流引起的,如果电阻的阻值远小于电压表的内阻,根据并联电路的特点,测量结果基本准确。所以当待测电阻的阻值远小于电压表内阻时,通常采用外接法。

任务实施

金属丝电阻率的测定实验

[实验目的]

(1)学会使用伏安法测量电阻。

(2)能够测定金属丝的电阻率。

(3)掌握滑动变阻器的两种使用方法和螺旋测微器的正确读数。

[实验原理]

设金属丝的长度为 l,导线的直径为 d,截面积为 S,电阻率为 ρ,则

$$R = \frac{\rho l}{S}$$

变化形式得

$$\rho = \frac{R \times S}{l} = \frac{\pi d^2 R}{4l}$$

[实验用品]

被测金属丝一根(如镁合金丝、铝丝),刻度尺、螺旋测微器各一把,电压表(3 V)、电流表(0.6 A)各一只,教学电源一个,开关一个,滑动变阻器一只,导线若干。

[实验步骤]

(1)用螺旋测微器在接入电路部分的待测金属丝上的三个不同位置分别测量直径,记录测量数据,求出直径 d 的平均值。

(2)按照实验电路(图 2-12)连接好电器元件。

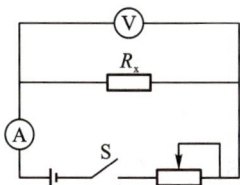

图 2-12　实验中的测试电路

(3)用毫米刻度尺测量接入电路中的待测金属丝的有效长度,反复测量 3 次,记录测量结果,求出长度 l 的平均值。

(4)移动滑动变阻器的滑片,改变电阻值。观察电流表和电压表,在实验数据(二)表单中记下 4 组不同的电压 U 和电流 I 的值。

(5)将测得的 R、l、d 代入电阻率的计算公式 $\rho = \dfrac{R \times S}{l} = \dfrac{\pi d^2 R}{4l}$ 中,计算出金属丝的电阻率。

(6)拆去实验电路,整理好实验器材。

[数据记录及处理]

将实验数据记录入表 2-7 和表 2-8。

表 2-7　实验数据(一)

次数	1	2	3	平均值
直径 d/mm				
长度 l/cm				

表 2–8　实验数据(二)

次数	电压 U/V	电流 I/A	电阻 R/Ω ($R=U/I$)	电阻平均值 $\overline{R}$/Ω
1				
2				
3				
4				

根据公式计算

$$\overline{\rho} =$$

[注意事项]

(1)本实验中被测金属丝的电阻值较小,因此,实验时必须采用电流表外接法。

(2)实验连线时,应先从电源的正极出发,依次将电源、开关、电流表、待测金属丝、滑动变阻器连成主干线路(闭合电路),然后再把电压表并联在待测金属丝的两端。

(3)测量金属丝的有效长度,是指其接入电路的两个端点之间的长度,亦即电压表两并入点间的部分,测量时应将金属丝拉直。

(4)闭合开关 S 之前,一定要使滑动变阻器的滑动片处在有效电阻值最大的位置。

(5)在用伏安法测电阻时,通过待测导线的电流强度 I 的值不宜过大(电流表用 0~0.6 A 量程),通电时间不宜过长,以免金属丝的温度明显升高,造成其电阻率在实验过程中变大。

(6)求 R 的平均值可用两种方法:第一种是用 $R=U/I$ 计算出各次的测量值,再取平均值;第二种是用图像(U–I 图线)的斜率来求出。若采用图像法,则在描点时要尽量使各点间的距离拉大一些,连线时要让各点均匀分布在直线的两侧,个别明显偏离直线较远的点可以不予考虑。

[误差分析]

(1)测金属丝直径时会出现误差,通过变换不同的位置和角度测量,然后再求平均值,以达到减小误差的目的。

(2)测金属丝长度时出现的误差,一定要注意到测量的是连入电路中的有效长度。

(3)电压表、电流表读数时会出现偶然误差。

(4)不论是内接法还是外接法,电压表、电流表内阻对测量结果都会产生影响。本实验中,由于金属丝的电阻不太大,应采用电流表外接法测电阻。

任务评价

考核内容	分值	得分
实验前预习原理	10	
知识储备	10	
直径测量	20	
长度测量	20	
伏安法测量电阻	20	
实验后数据处理	20	
总分	100	

思考测试

1. 分析误差来源。如何避免误差？

2. 求 $\overline{R}$ 两种方法（直接计算和图像法）得到的结果如何？哪种方法更好？

3. 电路如何连接？怎么判断电流表是外接还是内接？

任务 3　材料的硬度检测

任务描述

人们可以利用电钻在物体表面轻松地开孔,是因为钻头所用的金属材料硬度很高。

不同的材料,如镁合金、低碳钢等,它们的硬度不同。如何科学地测试和比较不同材料的硬度呢?我国目前有布氏硬度、维氏硬度、洛氏硬度、里氏硬度、肖氏硬度和努氏硬度等六种硬度试验的相关国家标准。由于六种硬度的测试原理各不相同,即使对于同一种材料而言,用不同方法测定的硬度值也完全不同。因此可见,硬度不是材料独立的性能指标,而是人为规定的在某一特定试验条件下的一种力学指标。

通过本任务的学习,我们将理解硬度的概念,并掌握一些简单易行的硬度实验,为金属材料质量检验提供参考。

知识准备

一、硬度的概念

材料的硬度表征其表面局部区域抵抗变形或破裂的能力。对于金属而言,硬度是衡量其力学性能的关键指标之一,指金属材料表面抵抗接触应力下塑性变形的能力。硬度测量提供了金属软硬程度的量化指标。由于压痕附近表层区域的应力和变形程度存在梯度,因此硬度值能综合反映该局部区域内金属的弹性等力学性质。硬度值越高,意味着金属抵抗塑性变形的能力越强,材料越难发生塑性变形。此外,硬度与其他力学性能(如强度和塑性)存在内在关联,因此,硬度值的大小对于镁合金等金属产品的质量监控、确定金属材料的合理加工工艺,以及评估使用寿命,都起到关键作用。

常用的硬度试验方法有以下几种:

布氏硬度试验——主要用于测量铸铁、钢材和非铁金属的硬度。

洛氏硬度试验——主要用于测量成品金属零部件的硬度。

维氏硬度试验——主要用于测定金属薄片和硬合金等材料的硬度。

显微硬度试验——主要用于测定材料在微小尺寸范围内的硬度。

二、布氏硬度

布氏硬度(符号为 HB,单位为 N/mm^2)是由瑞典工程师布里涅尔(T. A. Brinell)于 1900

年提出的,最初用于研究热处理对轧钢组织的影响。该测试方法的核心步骤如下:

(1)压痕形成:在特定载荷(P)作用下,将规定尺寸的标准硬质钢球压入被测材料表面;

(2)保载时间:保持载荷一段时间以确保材料充分塑性变形;

(3)测量与计算:卸除载荷后,测量试样表面残留压痕的直径(d),据此计算出压痕表面积(S);

(4)硬度值确定:布氏硬度值定义为载荷压力与压痕表面积的比值,即

$$HB(N/mm^2) = \frac{P}{S} = \frac{P}{\pi Dh} \tag{3-1}$$

式中,P——所加载荷,N;

D——钢球直径,mm;

h——压痕深度,mm。

图 2-13(a)所示为布氏硬度试验的原理图。实验中不难发现,相比于压痕深度 h 的测量,压痕直径 d 的尺寸更容易获得。结合几何关系和勾股定理,可以将式(3-1)中的 h 换算成 d 的函数来表示。

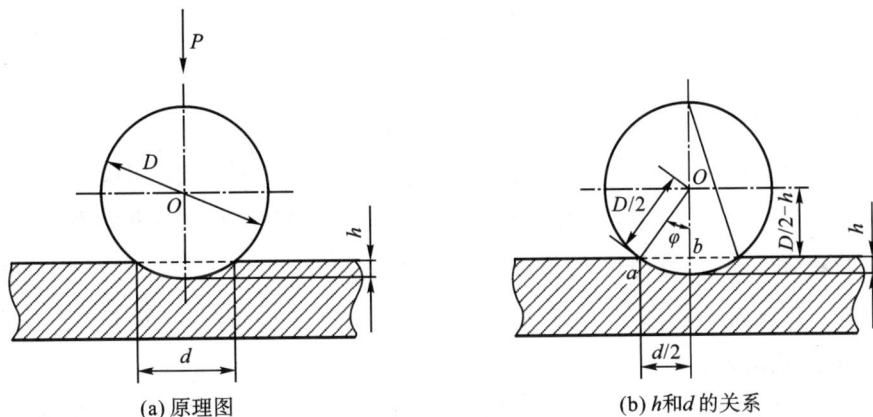

(a) 原理图　　　　　(b) h 和 d 的关系

图 2-13　布氏硬度的试验原理

如图 2-13(b)所示,Rt$\triangle abO$ 中 $Ob = \frac{D}{2} - h$,由勾股定律得

$$Ob = \sqrt{Oa^2 - ab^2} = \sqrt{\left(\frac{D}{2}\right)^2 - \left(\frac{d}{2}\right)^2} = \frac{1}{2}\sqrt{D^2 - d^2}$$

故

$$Ob = \frac{D}{2} - h = \frac{1}{2}\sqrt{D^2 - d^2}$$

则

$$h = \frac{D}{2} - \frac{1}{2}\sqrt{D^2 - d^2} = \frac{1}{2}\left(D - \sqrt{D^2 - d^2}\right) \tag{3-2}$$

将 h 带入式(3-1),得

$$HB = \frac{2P}{\pi D(D - \sqrt{D^2 - d^2})} \qquad (3-3)$$

根据式(3-3),试验后只需要量出压痕的直径 d,就可以推算得出布氏硬度值。在实际测量时,可根据 HB、D、P、d 的值所列成的表快速确定硬度。如果试验中的 D、P 参数已选定,只需用带刻度的测微尺(把实际压痕直径 d 放大 10 倍便于观察)测量压痕直径 d 之后,就可查表获得 HB 值。

由于金属材料软硬差别较大,待测样品的厚度也有区别,统一采用同一种负荷(如 29 400 N)和钢球直径(如 10 mm)时,若对硬的金属适合,则对软的金属就可能不适合,会使整个钢球陷入金属样品中。同样道理,若负荷条件对厚的金属块适合,就很可能穿透较薄的金属板。因此,测量不同材料的布氏硬度值时,要使用不同的负荷和钢球直径,但为了保持统一的、可以相互进行比较的数值,必须使 P 和 D 保持特定的比值关系,从而保证所得到的压痕形状具有几何相似关系,其必要条件就是使压入角保持不变。

由图 2-13(b)可知

$$\frac{d}{2} = \frac{D}{2}\sin\frac{\varphi}{2}$$

即

$$d = D\sin\frac{\varphi}{2} \qquad (3-4)$$

当用同一材质的钢球压入同一试件时,即使钢球直径不同,所测得的 HB 硬度值也应该保持不变。为达到这一目的,不仅应当保证压入角为一常数,而且试验还必须确保不同直径的钢球对应不同的载荷压力,也就是说,必须满足 $P_1/D_1^2 = P_2/D_2^2 = \cdots = K$,这个条件叫作硬度测量的相似条件。只要满足 $P/D^2 = K$ 这一条件,则对同一待测样品而言,其 HB 值必然相等,因此,就可以比较它们的硬度。

一般规定 P/D^2 有 30、25、15 三种,其中大多数布氏硬度计均采用 30,由它们所决定的载荷与钢球直径的实际规定值及使用范围如表 2-9 所示。

表 2-9 布氏硬度实验规范

材料种类	布氏硬度(HB)适用范围/(N·mm^{-2})	试样厚度/mm	载荷 P 与钢球直径 D 的关系	钢球直径 D/mm	载荷 P/N	载荷保持时间 t/s
黑色金属	140~450	6~3	$P = 30D^2$	10.0	2 940	10
		4~2		5.0	7 350	
		<2		2.5	1 837.5	

续表

材料种类	布氏硬度(HB)适用范围/(N·mm⁻²)	试样厚度/mm	载荷 P 与钢球直径 D 的关系	钢球直径 D/mm	载荷 P/N	载荷保持时间 t/s
黑色金属	<140	7～6	$P=10D^2$	10.0	98 000	10
		6～3		5.0	2 450	
		<3		2.5	612.5	
有色金属	>130	6～3	$P=30D^2$	10.0	29 400	30
		4～2		5.0	7 350	
		<2		2.5	1 837.5	
铜合金及镁合金	36～130	9～3	$P=10D^2$	10.0	98 000	30
		6～3		5.0	2 450	
		<3		2.5	612.5	
铝合金及轴承合金	8～25	7～6	$P=2.5D^2$	10.0	2 450	60
		6～3		5.0	612.5	
		<3		2.5	152.9	

为了提高布氏硬度实验的重复性,在使用布氏硬度计测出某个金属样品的 HB 值后应该明确注明测试过程采用的实验条件,一般的表示方法为 HB.$D/P/t$,其中,D 为钢球直径(mm),P 为载荷(N),t 为保持载荷的时间(s)。如直径为 10.0 mm 的钢球,载荷压力为 2 940 N,保持载荷的时间为 10 s,测试得到的 HB 值为 250,则表示为

$$HB.10.0/2940/10=250 \text{ N/mm}^2$$

三、洛氏硬度

洛氏硬度的测量方法简称洛氏法,由美国人洛克韦尔(S. P. Rockwell)在 1919 年提出。该方法采用金刚石锥体作为硬质压头,根据试样表面的压痕深度来反映其硬度高低。

洛氏法所用金刚石圆锥体的锥角为 120°,顶端的面半径仅为 0.2 mm(也可以用硬质钢球做压头),在预载荷 P_0 与主载荷 P_1 的作用下,把硬质压头压入待测样品,总载荷为 $P_总=P_0+P_1$。总载荷作用结束之后,卸除主载荷保留预载荷时的压入深度 h_1 与在预载荷作用下的压入深度 h_0 之差 e,就可以定量表示洛氏硬度值,其原理如图 2-14 所示。测量的差值越大,说明压入深度越深,待测样品的洛氏硬度也越低;反之,此差值越小,说明压入深度越浅,待测样品的硬度也越高。为了迎合习惯上数值越大代表硬度越高的主流观念,用一个常数 k 减去 e 来表示洛氏硬度值,并以符号 HR 表示,即

$$HR = k - e \tag{3-6}$$

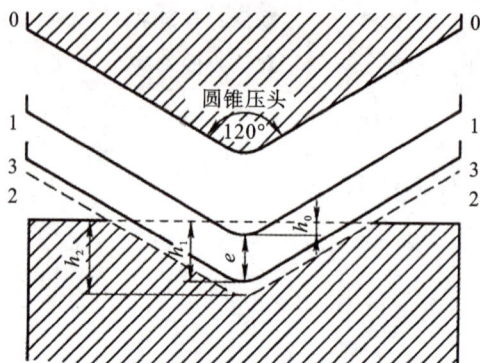

h_0——加预载荷 P_0 后压头的位置；h_2——加预载荷 P_0 和主
载荷 P_1 后压头的位置；h_1——卸去主载荷 P_1 后压头的位置。

图 2-14 洛氏硬度的试验原理

当使用金刚石材质的圆锥体压头时，常数 k 规定为 100；当使用硬质钢球作为压头时，常数 k 规定为 130。实际测定洛氏硬度的数值时，厂家在洛氏硬度计的压头上方安装有百分表，可直接测量出当前状态下的压痕深度，并按式(3-6)换算出相应的硬度值。因此，在试验过程中，金属样品的洛氏硬度可以直接读出示数。

为了满足软硬不同金属材料的洛氏硬度测量需求，在洛氏硬度计上可以选用不同的压头与试验力，由它们组合成几种不同的洛氏硬度标尺。我国常用的标尺有 A、B、C 三种，其硬度值的符号分别用 HRA、HRB、HRC 来表示。洛氏硬度试验规范和适用范围如表 2-10 所示。

表 2-10 洛氏硬度试验规范

硬度级	符号	压头	载荷 P/N	适用范围(HR)	应用
A	HRA	金刚石圆锥	588	70～85	碳化物、硬质合金、淬火钢
B	HRB	1/6 英寸① 钢球	980	25～100	软钢、铜合金、铝合金
C	HRC	金刚石圆锥	1 470	20～67	淬火钢

注：①1 英寸=2.54 cm。

由于洛氏硬度的数值是以压入深度为判定依据的，故规定试件被压入 0.002 mm(2 μm)算作一个硬度单位，可以推导出洛氏硬度的计算公式如下：

$$HRA(HRC) = 100 - \frac{h_1 - h_0}{0.002} \tag{3-7}$$

$$HRB = 130 - \frac{h_1 - h_0}{0.002} \tag{3-8}$$

四、维氏硬度

1921 年,英国人史密斯(Robert L. Smith)和塞德兰德(George E. Sandland)在维克斯公司(Vickers Ltd)提出了维氏硬度的概念。

该方法将顶部两个相对面具有规定角度(相对夹角为 136°)的正四棱锥体金刚石压头,施加一定的试验力压入待测样品表面,保持规定时间后,卸除试验力,测定压痕两条对角线长度 d_1,d_2,取其平均值 d,根据压痕表面所承受的力除以平均值 d 来计算维氏硬度值,其试验原理如图 2 - 15 所示。

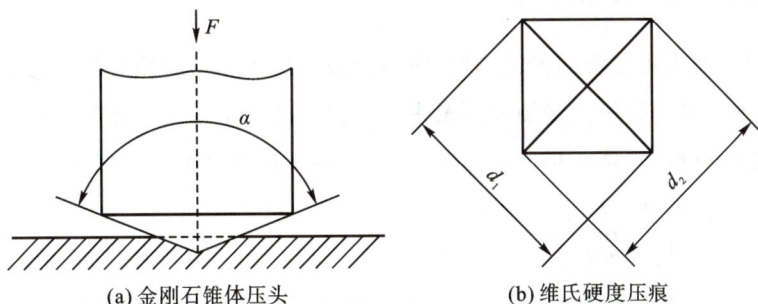

(a) 金刚石锥体压头　　　　　　(b) 维氏硬度压痕

图 2 - 15　维氏硬度试验原理

维氏硬度表示方法:

$$640HV30/20$$

其中,640——硬度值;

HV——维氏硬度符号;

30——施加的试验力对应的千克力值;

20——试验力保持时间(20 s)。

维氏硬度根据试验力的大小可分为维氏硬度试验、小力值维氏硬度试验、显微维氏硬度试验,如表 2 - 11 所示。

表 2 - 11　试验力

维氏硬度试验[①]		小力值维氏硬度试验		显微维氏硬度试验[②]	
硬度符号	试验力标称值/N	硬度符号	试验力标称值/N	硬度符号	试验力标称值/N
HV5	49.03	HV0.2	1.961	HV0.01	0.098 07
HV10	98.07	HV0.3	2.942	HV0.015	0.147 1
HV20	196.1	HV0.5	4.903	HV0.02	0.196 1

续表

维氏硬度试验①		小力值维氏硬度试验		显微维氏硬度试验②	
硬度符号	试验力标称值/N	硬度符号	试验力标称值/N	硬度符号	试验力标称值/N
HV30	294.2	HV1	9.807	HV0.025	0.245 2
HV50	490.3	HV2	19.61	HV0.05	0.490 3
HV100	980.7	HV3	29.42	HV0.1	0.980 7

注:①维氏硬度试验可使用大于 980.7 N 的试验力。

②显微维氏硬度试验的试验力为推荐值。

维氏硬度的压痕为正方形的倒锥凹坑,轮廓清晰。由于测量对角线长度的精度高于测量直径和深度,因此维氏硬度是压入法硬度测量中最为精准的方案。维氏硬度的测量范围涉及目前所知的大部分金属材料,特别适用于测量面积较小、硬度值较高的金属试样和零件的硬度,对表面镀层及薄片状材料的硬度测量也通用。

需要说明的是,维氏硬度也存在一些技术缺点,比如:小力值维氏硬度的测试效率低;由于压痕较小,维氏硬度的采样代表性差;若材料中有偏析及组织不均匀等缺陷,会导致试验结果的重复性稍差、测量数据的分散度大,尤其在选择小力值测量时技术缺点更加明显。

知识延伸

铅笔上常见的"H""B"两种标记,标注了笔芯的硬度和黑度,其中"H"指硬度,"B"指黑度。

铅笔的硬度是通过其笔芯中石墨的含量来区分的。其硬度等级(由软至硬)通常有 6B、5B、4B、3B、2B、B、HB、H、2H、3H、4H、5H、6H,每个等级的差异体现在铅笔的颜色上,硬度越高,颜色越浅。

HB 级铅笔软硬适中,适合一般书写,不易折断,较耐用,小学生常用。

B 级铅笔偏软,适合于需要更深色调和柔和线条的应用(比如素描和涂鸦),2B 铅笔常用于填涂机读答题卡。

H 级铅笔偏硬,适合用于界面较硬或粗糙的物体,如木工画线和野外绘图。

任务实施

镁合金试样的硬度测试

[实验目的]

(1)掌握布氏硬度的实验原理和测试方法。

(2)学会正确使用布氏硬度计测定镁合金的硬度值。

(3)学会对应不同材料、不同厚度的样品选择合适的硬度试验方法。

[实验原理]

参照"知识准备"内容。

[实验用品]

布氏硬度计、校准块、镁合金试样。

[实验步骤]

1. 准备工作

(1)校准布氏硬度计的刻度点,确保其精确度和可读性。

(2)校准校准块的硬度值,并记录校准结果。

(3)清洁并规格化镁合金试样的表面,去除镁合金表面的污染和凹陷。

2. 开始测试

(1)将待测镁合金试样固定在布氏硬度计试样台上,确保其稳定和平整。

(2)调整刻度盘零位,使指针指向零刻度。

(3)选择合适的压头和载荷杆组合。

(4)缓慢旋转载荷杆,逐渐增加载荷,直到载荷达到规定数值。

(5)保持规定载荷作用一定时间(通常为 10～15 s),待稳定后读取刻度盘上指针的示数。

(6)记录所读取的数据,记录镁合金试样的布氏硬度值。

3. 结束测试

(1)将刻度盘指针归零,并将镁合金试样从试样台上取下。

(2)清洁和保养布氏硬度计的各个部件。

(3)将测试结果记录在测试报告中,并进行必要的数据处理和分析。

[数据记录与处理]

叙述布氏硬度试验的测试原理和方法,分析试验结果。

报告还要包括以下内容:

①本实验所用设备的型号及其他实验条件;

②原始数据,自已绘制数据表格。

[注意事项]

(1)测试前注意清洁镁合金试样表面。

(2)同一试样需要在不同的部位进行至少 3 次试验,求其平均值。

(3)注意正确的硬度表示方式。

任务 评价

考核内容	分值	得分
实验前预习原理	20	
穿着实验服,正确佩戴护具	20	
正确测定试样的布氏硬度值	20	
理解硬度指标的工程意义	20	
实验后数据处理	20	
总分	100	

思考 测试

1.分析各种材料和不同硬度试样的硬度测试法与选择原则。

2.各种硬度试验方法的优缺点是什么?

3.说明试验样品各种硬度表示方法的意义。

▶ 任务 4　液体沸点的测定

任务描述

　　液体的特性往往和其温度相关，因此，准确测量液体的温度并加以控制，是进行理化实验操作的一项重要技能。

　　本任务学习测定液体沸点的意义、方法和原理，并熟悉温度测定装置的安装及操作方法，最终利用所学知识完成液体沸点的测定。

知识准备

一、温度测量工具

　　温度是表示物体冷热程度的物理量，是确定物质状态的一个基本参数。实验室中通常使用温度计来测量温度。依据测温原理不同，温度计可分为玻璃液体温度计、热电偶温度计、热电阻温度计等，可根据不同的测试场景选用。最常使用的是玻璃液体温度计。

1. 常用温度计的分类

　　玻璃液体温度计也叫作液体膨胀式温度计，根据液体工作介质的不同可分为水银温度计和酒精温度计等；按温度计的结构和工作方式可分为棒式、内标式，等等。玻璃液体温度计的测温原理都是利用液体工作介质受热后体积膨胀的客观规律，通过刻度标尺把待测样品或近邻环境的冷热程度指示出来。液体工作介质的膨胀系数越大，液体体积随温度升高而膨胀的幅度越大。因此，选用体膨胀系数大的液体工作介质，可以提高温度计的测量精度。

　　水银温度计以金属汞（水银）为工作介质，一般测量范围为 $-39 \sim 357$ ℃。水银的膨胀系数虽然小于其他感温液体的膨胀系数，但是水银的优点也很突出：易提纯、热导率高、膨胀均匀、不易氧化、不沾玻璃、不透明、便于读数，等等。

　　酒精温度计以酒精为工作液体，测温范围为 $-117 \sim 78$ ℃，一般用作理化分析实验中的低温测量。酒精温度计的优点是灵敏性好、毒害副作用小，但由于酒精润湿玻璃，会造成酒精温度计测温精度降低，此外，酒精还有线性不好等缺点。

　　实验中常用的温度测量工具还有电接点式温度计。电接点式温度计并非液体温度计，它利用两种电学属性差异较大的金属之间的热电效应来测量温度，常和继电器、加热器等电子元件构成一个灵巧的控温系统。

2.玻璃温度计使用的注意事项

(1)测试前先将温度计冲洗干净,测试时玻璃泡要全部浸没在被测液体中,且不要碰到容器底或容器壁,液体不宜浸没刻度。

(2)玻璃泡浸入被测液体后稍等片刻,待温度计示数稳定后再读数。读数时玻璃泡要继续浸在被测液体中,以防温度波动。视线要与温度计中液柱的上表面相平,温度计所示刻度即为待测液体样品的温度。

(3)普通温度计在使用时根据使用条件和要求的不同,必要时需先进行校正。

(4)根据测量要求选择合适的温度计,被测液体样品的温度应在温度计的量程之内。

(5)为防止水银介质在毛细管上附着,使用之前应用手指轻轻弹动温度计。

(6)防止骤冷骤热,以免引起温度计玻璃管身破裂和变形;防止强光直接照射感温端的玻璃泡。

(7)水银温度计是易碎玻璃仪器,且毛细管中的水银属于剧毒物质,所以绝不允许作搅拌等它用,要避免温度计与坚硬和锋利物品相碰。如需插在塞孔中,开孔尺寸要合适,以防温度计松动脱落。

(8)温度计应在有柔软衬垫的盒子里或专用抽屉里保存好,不应放在硬的物体上或加热设备附近。

(9)温度计发生水银中断现象时不能直接使用,可将其放在冷冻环境中,迫使毛细管中的水银全部回缩到玻璃泡中,然后撤去冷冻环境使水银升温膨胀,反复几次即可恢复正常。

(10)温度计用完后,外表面要清洗干净,不留污渍。

二、实验室加热与控温设备

1.加热设备

理化性质分析实验室常用的加热设备有酒精灯、酒精喷灯、电炉、电热板及电热沙浴等。

1)酒精灯和酒精喷灯

酒精灯的温度通常可达 $400\sim500$ ℃,常用于温度无需太高的实验。点燃酒精灯时应用火柴,绝不可用点燃的酒精灯去点燃其他酒精灯。熄灭酒精灯时,只要盖上灯罩,火焰即灭。添加酒精时,必须先熄灭酒精灯,用小漏斗添加且不能加得太满。酒精灯不用时,必须盖上灯罩,尽可能减少酒精挥发。

酒精喷灯使用前,先在预热盆内加入少量酒精,用火柴点燃酒精使灯管受热,待这些酒精接近燃完时,开启开关,使灯座内部的酒精进入灯管而受热汽化,并与进入气孔内的空气混合,燃烧可得到高温火焰。实验完毕后切记关闭开关。

2)电热板和电热沙浴

电热板和电热沙浴是理化性质分析实验室常用的加热设备,对有机物和易燃物加热尤为适用。由于发热体的底部和四周都充有玻璃纤维等绝热材料,所以热量全部由平板发热面或沙粒传递。由于电炉丝排列均匀,故可达到均匀加热的效果。

使用电热板和电热沙浴的操作步骤如下:

(1)接通电源。低温加热时开启"预热"开关,中温加热时开启"预热"和"中温"开关,高温加热时"预热""中温""高温"3个开关全部开启。

(2)加热。事先在铸铁板上铺放适量细沙,并将加热样品埋入,然后再接通电源,依据需要加热的温度区间控制加热开关,达到均匀加热。如需测量温度,可将一根量程适宜的温度计同时埋入加热样品附近或直接插入被加热的容器中。

操作指南与安全提示:

①电热板和电热沙浴应放在通风、明亮、平整、干燥的实验台上,周围应无腐蚀性气体等腐蚀源,以利保养。

②电热板和电热沙浴内不能直接投放液体或低熔点的物品。

③接通电源之前,应确电热板保接地良好,以免机壳带电危及人身安全。

3)电热恒温水浴锅

电热恒温水浴锅常用于蒸发和恒温加热,如图 2-16 所示,其恒温范围一般在 40~100 ℃。被加热的样品如需均匀受热,且加热温度不超过 100 ℃,就可以选用此设备加热。

电热恒温水浴锅的操作步骤如下:

(1)关闭放水阀,加入清水或蒸馏水,水量不宜超过水浴锅容量的 2/3,水位必须淹没电热管。

(2)接通电源,打开电源开关,设定加热的目标温度,电炉丝开始加热。电热恒温水浴锅能够实时测试实际温度,并反馈给恒温控制器自动控温,直至达到所需的恒定温度。

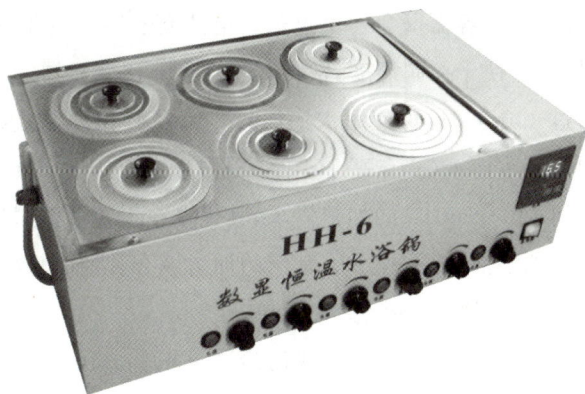

图 2-16 电热恒温水浴锅

2.加热方法

加热方式有直接加热法和间接加热法。

1)直接加热法

对热稳定性好的物质,可在试管、烧杯、蒸发皿等耐热容器中直接加热。加热前必须将器皿外壁的水擦干,加热后不能立即与水或潮湿物接触,避免骤冷骤热。

(1)对于少量液体试样,可装在试管中加热,用试管夹夹住试管的上部,试管应稍倾斜,管口向上,管口不能对着他人或自己,以免溶液沸腾时溅到人员。管内所装液体的量应不超过试管高度的1/3。加热时先加热液体的中上部,再慢慢地往下移动,使液体各部受热均匀。

(2)少量固体试样也可装在试管中加热,加热时管口略向下倾斜,防止在管口的冷凝水珠倒流,导致试管破裂。

(3)用烧杯、烧瓶或锥形瓶加热时,必须放在石棉网上,否则容易因为玻璃器皿各部位受热不均匀而破裂。

(4)当需要用高温加热固体时,可把固体试样放入坩埚,在泥三角上用煤气灯的火焰加热。夹取坩埚必须用坩埚钳,以免烫伤。

2)间接加热法

有些物质的热稳定性差,过热会引发氧化、分解或挥发逸散;某些易燃物质用明火加热极度危险,容易酿成事故。对于这些情况,可采用间接加热法。所谓间接加热法,是利用不同形态的传热介质在热源和试样之间传递热量,也称为热浴,常用的热浴有空气浴、水浴、油浴和沙浴等。

空气浴是利用热空气间接加热的方法,对于沸点在 80 ℃ 以上的液体均可采用。例如把容器放在石棉网上约 1 cm 高度处加热,这就是最简单的空气浴,但其受热不均匀,无法用于回流低沸点、易燃的液体,也无法进行减压蒸馏等操作。

电热套属于比较好的空气浴设备,因为电热套中的电热丝被玻璃纤维包裹着,使用较为安全。电热套一般可加热至 400 ℃,主要用于回流加热,不宜用于蒸馏或减压蒸馏,因为在蒸馏过程中随着容器内物质逐渐减少,容器壁会发生过热。电热套有各种规格,取用时要与容器的大小匹配。使用电热套时,为了便于控制温度,常将其连接至调压变压器。

当加热的温度不超过 100 ℃ 时,可使用水浴加热。如果水浴加热温度要稍高于 100 ℃,则可选用适当无机盐类的饱和水溶液(沸点高于 100 ℃)作为浴液。

油浴适用于温度区间 100~250 ℃ 的加热需求,其优点在于使液体试样或反应物受热均匀。反应物的温度一般要低于油浴液 20 ℃ 左右。常用的油浴液有甘油、植物油、石蜡等。进行油浴时油量不能过多,否则油受热后膨胀,带来火灾隐患。

沙浴一般是先往铁盆装入干燥的细海沙(或河沙),再把盛放试样的容器半埋入沙中加热。加热沸点在 80 ℃ 以上的液体时亦可采用该方法,特别适用于 250~350 ℃ 的温度范围。但是沙子传热慢,加热过程中升温很慢且不易控制,为此,使用该方法时沙层要控制得薄一些。进行沙浴时,在沙子中应插入温度计,且温度计感温端要靠近反应容器。

三、沸点的基本概念与测定方法

液态物质在标准大气压下沸腾时的温度称为该物质的沸点。纯液态物质在一定气压下都有固定的沸点,沸点所在的温度区间一般不超过 1~2 ℃。如果液态物质含有杂质,则沸点范围将增大,这个扩展的范围称为沸程或馏程。

测定沸点的方法有蒸馏法和毛细管法。采用蒸馏法需 10 mL 以上的待测样品,该方法也叫常量法;而采用毛细管法只需 0.25~0.50 mL 的样品,称为微量法。

1. 蒸馏法(常量法)

蒸馏法适用于测定受热易分解、氧化的有机试剂的沸点。使用该方法所需仪器的种类和规格如表 2-12 所示。

表 2-12　蒸馏法测沸点的仪器设备

仪器名称	仪器规格
三口圆底烧瓶	500 mL
试管	长 190~200 mm,距离试管口约 15 mm 处有一直径为 2 mm 的侧孔
胶塞	外侧设有出气槽
测量温度计	内标式单球温度计,分度值为 0.1 ℃,量程适合于所测样品的沸点温度
辅助温度计	量程 100℃,分度值为 1 ℃

采用蒸馏法的操作步骤如下:

(1)按图 2-17 所示安装仪器。将三口圆底烧瓶、试管及测量温度计用胶塞连接,测量温度计下端与试管中试样的液面保持 20 mm 的距离。

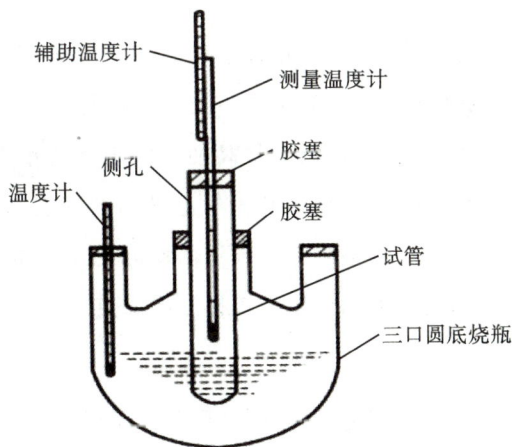

图 2-17　沸点测试装置

（2）将辅助温度计附着于测量温度计上，使其水银球位于测量温度计露出胶塞外的水银柱中部。

（3）在烧瓶中注入约为其容积 1/2 的硫酸（或其他载热体）。

（4）量取适量样品，注入试管中，其液面略低于烧瓶中硫酸的液面。缓慢加热，当温度上升到某一数值并在相当时间内保持不变时，此温度即为待测样品的沸点。

（5）记录下测定时的室温和气压值。

2. 毛细管法（微量法）

毛细管法测定沸点是在沸点管内进行的。沸点管由内、外管组成，如图 2－18 所示。

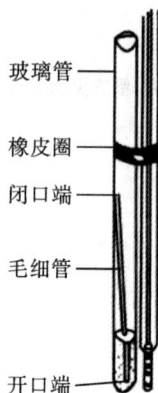

图 2－18　沸点管示意图

采用毛细管法的操作步骤如下：

（1）取 0.25～0.5 mL 待测样品于沸点管的外管中，将毛细管倒置其内，开口端向下，如图 2－18 所示。

（2）将沸点管附于测量温度计上（可用橡皮圈套住），使沸点管底部与测量温度计水银球的中部处在同一水平线上。辅助温度计的安装方法与蒸馏法相同。

（3）将沸点管置于浴液中缓慢加热（浴液的最高使用温度不能小于被测物质的沸点），当有成串气泡快速从毛细管口不断逸出时，停止加热。气泡逸出的速度因停止加热而减缓，当气泡不再逸出而液体刚要进入毛细管时（即最后一个气泡出现但还没有逸出的瞬间），此时毛细管内蒸气压与外界大气压相等，此时的温度示数即为该样品的沸点。

3. 沸点校正

物质的沸点与外界气压相关，不同地区、不同气压条件下所测得的沸点值一定存在差别，不能直接比较。为此，在每次测定结束后，要准确记录当时当地的大气压，并将沸点测定值换算为标准大气压①下的值。

在石油化工行业,为精确测量有机物沸点,测试环境的气压还要进行温度校正和重力校正,这里不作赘述,感兴趣的读者可以查阅相关资料。

对于理化分析实验,在测定未知试样的沸点时,通常采用标准样品对照实验进行校正,准确度可以达到 $0.1\sim0.5$ ℃。具体的校正过程如下:同时测定标准样品和待测样品的沸点,用标准样品的实测值减去标准样品的沸点文献值,差值就是沸点的校正值。常见的标准样品如表 2-13 所示,所选择标准样品的分子结构和沸点要尽可能与待测样品相近。

表 2-13 校正沸点的常用标准样品

化合物	沸点/℃	化合物	沸点/℃
溴乙烷	38.40	溴苯	156.15
丙酮	56.11	环己醇	161.10
氯仿	61.27	苯胺	184.40
四氯化碳	76.75	苯甲酸甲酯	199.50
苯	80.10	硝基苯	210.85
环己烷	80.70	水杨酸甲酯	222.95
水	100.0	对硝基甲苯	238.34
甲苯	110.62	二苯甲烷	264.40
氯苯	131.84	α-溴萘	281.20

知识 延伸

液体沸点与气压之间的关系

我们知道,在高山上用普通的锅难以将饭煮熟。这是因为高海拔地区液体的沸点较低,煮饭的水不到 100 ℃ 就沸腾了,因此把饭煮熟需要更长的时间。实际上,液体沸点与液体受到的气压有密切关系:气压越大,液体沸点越高;气压越小,液体的沸点越低。例如在沿海地区,水的沸点约为 100 ℃;而在高山上,沸点就低于 100 ℃;在地下矿井中,沸点有可能高于 100 ℃。经过实验测试,高度每上升 1 000 m,水的沸点大约要下降 3 ℃,如在 5 000 m 海拔的高山上,水的沸点不足 85 ℃,这个水温就难以把饭菜煮熟。为此,人们在高海拔地区会使用高压锅煮饭,高压锅中水的沸点可超过 100 ℃,这样煮出的米饭就容易熟透了。

———————————

①标准大气压:当温度为 0 ℃(273.15 K)时,在重力加速度为 980.655 cm/s² 处(即地球纬度为 45°的海平面上),使用水银的密度为 13.595 1 g/cm³,760 mm 高的水银柱所产生的压强。$p_0 = 1 \text{ atm} = 101\ 325 \text{ Pa}$。

同理,在太空环境中,水的沸点会降到极低的程度,甚至低于人体体温,而人体含水量有 70% 左右,可想而知将身体暴露在真空环境中是多么危险。因此宇航员们在太空作业时必须穿着宇航服,宇航服内部提供的加压环境,可以很好地保障宇航员们的生命安全。

任务实施

乙醇沸点的测定

[实验目的]

(1)了解测定沸点的意义和方法。

(2)初步掌握液体沸点测定装置的安装和操作方法。

(3)熟悉沸点校正的意义和方法。

[实验原理]

参照"知识准备"内容。

[实验用品]

三口烧瓶(500 mL)、电热套、调压器、试管若干、环己烷(AR)、开口橡皮塞、未知样品(乙醇)、甘油、测量温度计(100 ℃,分度值 0.1 ℃;100 ℃、200 ℃,分度值 1 ℃)。

[实验步骤]

(1)安装仪器。在三口烧瓶中加入 250 mL 甘油作浴液,将约 2 mL 环己烷加入试管中,安装沸点测定装置。

(2)测定环己烷沸点。用电热套加热试管,并控制温度上升速度约 4~5 ℃/min,直至试管中液体沸腾。维持恒定电压,控制加热温度,待测量温度计的示值在一定时间内保持恒定时,记录测量温度计和辅助温度计数值,然后停止加热。

(3)测定未知样品的沸点。待浴液温度降至 40 ℃ 以下时,换上装有未知样品的试管,用同样的方法测定其沸点。

(4)拆除装置。测定结束后,将浴液冷却至接近室温,再拆除装置,将浴液和测试液分别装入指定的废液回收桶中,然后将所用器皿清洗干净。

[数据记录与处理]

将实验中测得的各项数据填入表 2-14。

表 2-14　温度与压强数据

样品	测量温度计读数 t_1/℃	辅助温度计读数 t_4/℃	气压计读数 p_1/hPa	室温/℃
环己烷				
未知样品				

按本任务中所述方法对测得的沸点进行校正,结果填入表 2-15。

表 2-15　沸点数据

样品	实测沸点/℃	文献值/℃	沸点校正值/℃
环己烷			
未知样品(乙醇)		—	

经过校正,本次实验中乙醇的沸点为_____℃。

任务评价

考核内容	分值	得分
认识温度测量工具	10	
了解实验室加热设备和控温设备	10	
掌握沸点的概念和测定方法	20	
正确安装并使用沸点测定装置	20	
实验过程中遵守安全规范	20	
数据记录及分析	20	
总分	100	

思考测试

1. 测量温度计应安装在什么位置？温度计能否插入液面下,为什么?

2. 为什么使用侧面有开口的塞子固定试管和测量温度计?

3. 测定几种物质的沸点时,为什么要待浴液降温后再更换被测物质?

4. 实验过程中,升温过快或过慢,对测定结果有什么影响?

定量化学分析技术

模块导入

定量化学分析技术能够帮助我们快速准确地了解某些材料或化工产品的化学成分及其含量。滴定分析作为一种重要的化学分析技术,具有很强的实践性与应用性。

通过本模块4个任务的学习和实训,同学们首先应当对纯水有重新认识,进而掌握标准溶液的配制方法,并且能够对几种常见的阳离子、阴离子进行滴定检测与定量分析。

知识目标

(1)了解纯水的分级与制备原理;

(2)了解标准溶液的基本概念;

(3)了解几种滴定分析技术的原理。

能力目标

(1)学会使用电导率仪;

(2)掌握移液管与容量瓶的使用方法;

(3)掌握配位滴定与沉淀滴定的操作要领。

素质目标

(1)了解自来水硬度对健康的影响,树立水资源保护意识;

(2)了解滴定分析技术的发展历史,培养创新精神。

任务 1 纯水的制取与检测

任务描述

实验工作中经常会用到水,根据用途不同,对水质的要求也不同。在实验室中观察自来水、蒸馏水、去离子水等几种不同的水样,思考它们的区别。如何检测水的纯度及其中的杂质含量?

通过本任务的学习与实训,我们将掌握离子交换法制备纯水的基本原理;学会用蒸馏法、亚沸法和离子交换法制备纯水;了解离子交换树脂的预处理及再生方法。

知识准备

一、纯水的分级

普通自来水是将天然水经过初步净化处理制得的,仍然含有多种杂质,只能用于初步洗涤实验器皿及做水浴等方面。而要用于配制溶液等理化实验分析用途,必须通过适当的方法将自来水进一步纯化。经纯化后可以满足分析实验工作要求的水称为分析实验室用水,为了叙述方便,也常将其简称为纯水。目前制备纯水的方法有蒸馏法、离子交换法及电渗析法等。

《分析实验室用水规格和试验方法》(GB/T 6682—2008)将适用于化学分析实验的纯水分为三个级别,即一级、二级和三级,如表 3-1 所示。

表 3-1 实验室用水标准

项目	一级	二级	三级
pH 值范围(25 ℃)	—	—	5.0~7.5
电导率(25 ℃)/(mS·m⁻¹)	≤0.01	≤0.10	≤0.50
电阻率(25 ℃)/(MΩ·cm)	≥10	≥1	≥0.2
可氧化物质含量(以 O 计)/(mg·L)	—	≤0.08	≤0.40
吸光度(254 nm,1 cm 光程)	≤0.001	≤0.01	—
蒸发残渣(105 ℃±2 ℃)含量/(mg·L⁻¹)	—	≤1.0	≤2.0
可溶性硅(以 SiO₂ 计)含量/(mg·L⁻¹)	≤0.01	≤0.02	—

注:①由于在一级水、二级水的纯度下,难以测定其真实的 pH 值,因此对一级水、二级水的 pH 值范围不做规定。

②由于在一级水的纯度下,难于测定可氧化物质和蒸发残渣含量,因此对其限量不做规定。可用其他条件和制备方法来保证一级水的质量。

一级水通常用于有严格要求的理化分析试验,包括对颗粒度有严格要求的试验,如高效液相色谱分析用水;二级水通常用于无机痕量分析等试验,如原子吸收光谱分析方法的用水;三级水通常用于一般化学分析试验。标准滴定溶液及化学实验中所用制剂及溶液样品的制备至少要使用三级纯水,杂质测定用标准溶液的制备则务必要保证在二级。

二、纯水的制备方法

1. 蒸馏法

蒸馏法是目前广泛采用的制备分析实验室用水的方法,它的原理是根据水与杂质沸点的不同,将自来水(或其他天然水)用蒸馏器蒸馏得到。蒸馏法又分为普通蒸馏法和亚沸法。

蒸馏法制纯水所使用的仪器是电热蒸馏器,由蒸发锅、冷却器及电热装置三部分组成。目前使用的蒸发锅主要由铜、硬质玻璃、石英等材料制成。由于绝大部分无机盐类不挥发,因此蒸馏水较纯净,适用于一般化验工作。但蒸馏水中仍含有少许杂质,原因是:①二氧化碳及某些低沸物易挥发,随水蒸气掺进蒸馏水中;②少量液态水成雾状飞出,进入蒸馏水中;③微量的冷凝管材料成分带入蒸馏水中。因此,要得到更纯净的蒸馏水,通常需要增加蒸馏次数。

实验室制取重蒸馏水(二次蒸馏水)的方法:用硬质玻璃或石英蒸馏器,在每 1 L 蒸馏水或去离子水中加入 50 mL 碱性高锰酸钾溶液(含 8 g/L $KMnO_4$ + 300 g/L KOH),重新蒸馏,弃去头和尾各 1/4 容积,收集中段的重蒸馏水。此法去除有机物效果优良,但不宜做无机痕量分析用。

一般的沸腾蒸馏方法由于沸腾的液泡破裂,使蒸气中带入微粒,另外,未蒸馏的液体沿器壁爬行,使蒸馏水受到沾污。亚沸蒸馏是在液体不沸腾的条件下蒸馏,完全消除了由沸腾带来的沾污。亚沸蒸馏是纯化高沸点酸最常用的方法,也是高纯水及高纯酸制备的标准方法。亚沸蒸馏装置采用红外线加热,因此器壁可保持干燥,避免液体向上爬行。石英亚沸蒸馏器的特点是在液面上加热,能够令液面始终处于亚沸状态,蒸馏速度较慢,但可将水蒸气带出的杂质减至最低。

2. 离子交换法

离子交换法是应用离子交换树脂分离出水中的杂质离子的方法。用此法制得的水通常称为"去离子水"。去离子水纯度较高,一般适用于对准确度要求较高的理化性质分析实验。离子交换树脂是一种直径为 0.3~0.6 mm 的半透明或不透明的球状有机高分子,不溶于水、醇、酸和碱,对有机溶剂、氧化剂、还原剂和其他化学试剂具有一定的稳定性,对热也较稳定。

在离子交换树脂网状结构的骨架上有许多可以与溶液中离子起交换作用的活性基团,根据活性基团性质的不同,离子交换树脂又分为阳离子交换树脂和阴离子交换树脂。阳离子交换树脂又分为强酸性和弱酸性阳离子交换树脂;阴离子交换树脂又分为强碱性和弱碱性阴离子交换树脂。

制取纯水一般选用强酸性阳离子交换树脂和强碱性阴离子交换树脂。当水流过装有离子交换树脂的交换柱时,水中的杂质离子与树脂中网状骨架上能与离子起交换作用的活性基团发生交换作用。

强酸性阳离子交换树脂:

$$R—SO_3H+Na^+ \xrightleftharpoons[\quad]{交换再生} R—SO_3Na+H^+$$

氢型   钠型

强碱性阴离子交换树脂:

$$RN(CH_3)_3OH+Cl^- \xrightleftharpoons[\quad]{交换再生} RN(CH_3)_3Cl+OH^-$$

氢氧型   氯型

式中,R——离子交换树脂本体;

Cl^-、Na^+——水中的阴、阳离子杂质。

交换下来的 H^+ 和 OH^- 结合成水。上述离子交换反应是可逆的。市售的离子交换树脂一般为钠型(阳离子交换树脂)和氯型(阴离子交换树脂),可用酸碱分别处理成氢型和氢氧型,当原水流过树脂时产生交换反应。失效的树脂又变为钠型和氯型,可分别用酸和碱处理,交换反应向相反方向进行,树脂又转变为氢型和氢氧型,这叫作离子交换树脂的再生。

离子交换法制取纯水一般在交换柱中进行,树脂层高度与内径之比要大于 5:1,从柱上部通入待纯化的水,下部流出离子交换水,这种方式称为固定床。自来水通过阳离子交换柱除去阳离子,再通过阴离子交换柱除去阴离子,出水的水质仅满足一般使用。通常为提高水质,可串联一个阴、阳离子交换树脂混合柱,交换顺序为阳柱→阴柱→混合柱,得到纯水。倘若原水样直接通入阴柱,交换下来的 OH^- 会与水中的阳离子杂质生成难溶性沉淀,吸附在阴离子树脂表面,使阴离子交换容量下降。

三、纯水的水质检测方法

分析实验室用水必须符合国家标准规定的要求,因此对于所制备的每一批纯水,都必须对照规格要求进行质量检验。纯水检验分标准检验法和一般检验法。标准检验法严格但很费时费力,一般理化性质分析实验用的纯水可用测定电导率和化学检验法进行快速鉴定。

1. 电导率测定法

在外加电场作用下,水中的杂质离子能发生定向移动而导电,其导电能力与水中杂质离子数量有关。杂质离子越多,水的纯度越低,电导率越高;反之,杂质离子越少,水的纯度越高,电导率越低。所以通过测定电导率,可以检验纯水中杂质离子的含量。

离子交换法制得的纯水就可以用电导率仪(见图 3－1)监测水的电导率,根据电导率的测量结果来确定何时需要再生交换柱。家用厨房净水机的检修也是依据类似的判定方法。

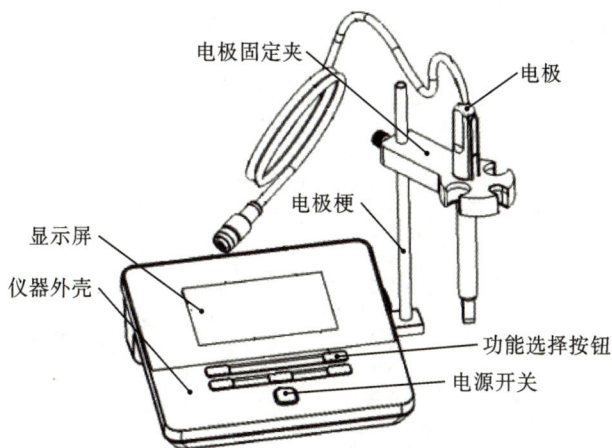

图 3－1　台式数显电导率仪

用于一、二级水测定的电导率仪配备电极常数为 0.01～0.1 cm⁻¹ 的“在线”电导池,并具有温度自动补偿功能。若电导率仪不具有温度补偿功能,可安装“在线”热交换器,使测量时水温控制在(25±1)℃。用于三级水测定的电导率仪配备电极常数为 0.01～0.1 cm⁻¹ 的电导池,并具有温度自动补偿功能,或者安装恒温水浴槽,使待测水样温度控制在(25±1)℃。当实测的各级水不是 25 ℃时,可记录水温,其电导率可按下式进行换算:

$$K_{25} = k_t (K_t - K_{pt}) + 0.005\ 48$$

式中,K_{25}——温度为 25 ℃时各级水的电导率,mS/m;

K_t——温度为 t ℃时各级水的电导率,mS/m;

K_{pt}——温度为 t ℃时理论纯水的电导率,mS/m;

k_t——温度为 t ℃的换算系数;

0.005 48——温度为 25 ℃时理论纯水的电导率,mS/m。

其中,K_{pt} 和 k_t 可从表 3－2 中查出。测定时首先按说明书安装调试仪器。对一、二级水,将电导池装在水处理装置流动出水口处,调节水流速,赶净管道及电导池内的气泡,即可进行电导率测量;对三级水,可取 400 mL 水样于干净的锥形瓶中,插入电导池后即可进行测量。

注意:取水样后要立即测定,避免空气中的二氧化碳溶于水中使水的电导率增大。测量用的电导率仪和电导池应定期进行检定维修。

表 3-2　理论纯水的电导率和换算系数

$t/℃$	$K_{pt}/(mS \cdot m^{-1})$	k_t	$t/℃$	$K_{pt}/(mS \cdot m^{-1})$	k_t
0	0.001 16	1.797 5	26	0.005 78	0.979 5
1	0.001 23	1.755 0	27	0.006 07	0.960 0
2	0.001 32	1.713 5	28	0.006 40	0.941 3
3	0.001 43	1.672 8	29	0.006 74	0.923 4
4	0.001 54	1.632 9	30	0.007 12	0.906 5
5	0.001 65	1.594 0	31	0.007 49	0.890 4
6	0.001 78	1.555 9	32	0.007 84	0.875 3
7	0.001 90	1.518 8	33	0.008 22	0.861 0
8	0.002 01	1.482 5	34	0.008 61	0.847 5
9	0.002 16	1.447 0	35	0.009 07	0.835 0
10	0.002 30	1.412 5	36	0.009 50	0.823 3
11	0.002 45	1.378 8	37	0.009 94	0.812 6
12	0.002 60	1.346 1	38	0.010 44	0.802 7
13	0.002 76	1.314 2	39	0.010 88	0.793 6
14	0.002 92	1.283 1	40	0.011 36	0.785 5
15	0.003 12	1.253 0	41	0.011 89	0.778 2
16	0.003 30	1.223 7	42	0.012 40	0.771 9
17	0.003 49	1.195 4	43	0.012 98	0.766 4
18	0.003 70	1.167 9	44	0.013 51	0.761 7
19	0.003 91	1.141 2	45	0.014 10	0.758 0
20	0.004 18	1.115 5	46	0.014 64	0.755 1
21	0.004 41	1.090 6	47	0.015 21	0.753 2
22	0.004 66	1.066 7	48	0.015 82	0.752 1
23	0.004 90	1.043 6	49	0.016 50	0.751 8
24	0.005 19	1.021 3	50	0.017 28	0.752 5
25	0.005 48	1.000 0			

DDS-11A 型电导率仪按键如图 3-2 所示 。

图 3-2　DDS-11A 型电导率仪按键示意图

其测量操作程序如下：

(1)连接标配电源适配器,按 ⏻ 键开机。仪器首先显示"DDS-11A"字样,并进行自检,稍后即进入测量状态。

(2)在测量状态下,按【常数】键,进入常数设置功能模块;确认电极类型为 1.0,否则按【常数】键切换至"1.0";按【▲】【设置/▼】键可以调节到需要的电极常数值,如 0.998;完成后,按【确认】键保存设置。

(3)将电导电极反复用蒸馏水清洗干净,并用滤纸小心吸干电极表面的水分,使用被测溶液润洗后即可放入被测溶液中。

(4)用温度计测量当前溶液的温度值并记录,按【设置/▼】键选择温度设置功能,按【确认】键后,通过【▲】【设置/▼】键调节到指定的温度值,按【确认】键完成温度值输入。

(5)等待数据稳定后,读取测量结果,记录实验所测数据。测定被测溶液电导率 3 次,取平均值。

(6)测量结束后,按住 ⏻ 键 3 s 以上即可关机。将电极清洗干净,套上电极保护瓶后放入电极包装盒内。

使用数显电导率仪测量的注意事项：

①电解质溶液的电导率随温度的变化而改变,因此,在测量时应保持被测体系处于恒温条件下。

②电极接线不能潮湿或松动,否则会引起测量误差。

③根据被测溶液的电导率不同,应选择不同类型的电极。

2.化学检验法

(1)阳离子的检验:取水样 10 mL 于试管中,加入 2~3 滴氨-氯化铵缓冲液(pH＝10)、2~3 滴铬黑 T 指示剂。若水呈现蓝色,则表明无金属阳离子;若水呈现紫红色,则表明含有阳离子。

(2)氯离子的检验:取水样 10 mL 于试管中,加入数滴硝酸银水溶液(1.7 g 硝酸银溶于约 50 mL 水中,加浓硝酸 4 mL,用水稀释至 100 mL),摇匀,在黑色背景下观察溶液。若溶液无色透明,则表明无氯离子存在;则若溶液出现白色浑浊,则说明水中有氯离子存在。(注意:如果硝酸银溶液未经硝酸酸化,加入水中可能出现白色或变为棕色沉淀,这是氢氧化银或碳酸银造成的。)

(3)pH 值的检验:取水样 10 mL 于试管中,加甲基红指示剂 2 滴,应不显红色。另取一支洁净的试管,取水样 10 mL,加溴麝香草酚蓝指示剂 5 滴,不显蓝色即符合要求。

知识延伸

俗语云“水为食之先”。在我国古代,人们就对饮用水及其净化、卫生消毒等极为注意和讲究,摸索出许多卫生饮水法,其中有不少方法至今仍有较高的实用价值。古人对预防水源污染也极为重视,古时水井大都设有水裙、井盖等保护设施,以避免脏物及虫害落入井中。对水井还要每年浚淘,清除水井沉积的污物、淤泥,以保持井水的卫生洁净,有“井淘三遍吃甜水”“夏至日浚井改水,可去瘟病”等说法。同时,绝不将污物粪秽堆积于饮用水源的附近,修建的排污沟渠也远离水源,以防污染饮用之水。

“饮水洁净,不得瘟病。”若水浑浊,则须净化后再饮用。古人常用的净化水方法有过滤净化法和沉淀净化法。过滤净化法就是让水通过沙石等过滤物料,滤去水中混悬物,使之澄清;沉淀净化法则是在水中加入一定的药物,使水中的混悬物沉淀。《调疾饮食辨》中就记载:“春夏大雨,山水暴涨有毒。山居别无他水可汲者,宜捣蒜或白矾末少许投水缸中。”古人还常用钟乳石、磁石、榆树皮、木芙蓉、杏仁、桃仁等物品净化饮用水。饮用水净化后还需消毒,去除水中的秽毒后方可饮用。《周礼》中就载有往水中投掷热石可灭虫防疫的记录。饮用烧开的水也是我国人民的优良饮水卫生习俗。《养生要集》中有“凡煮水饮之,众病无缘生也”,《齐民要术》中介绍茱萸叶也可用于井水消毒。

任务实施

电导法测定水样的纯度

[实验目的]

(1)掌握电导率仪的使用方法。

(2)了解电导法测定水纯度的原理和方法。

[实验原理]

电解质溶液的导电能力可用电导率表示。处于两个相距 1 m、面积均为 1 m² 的平行电极间、体积为 1 m³ 的电解质溶液所表现出来的导电能力叫作该溶液的电导率,常用符号 k 表示,其单位为 S/m(西/米),常用 μS/cm(微西/厘米)。它与电解质的性质、溶液的浓度及测量温度有关。

电导率是物质重要的特征物理量之一,在理化性质分析实验中具有广泛的用途。例如可以通过测定电导率算出弱电解质的电离度和电离平衡常数,测量难溶电解质的溶度积及鉴定水的纯度等。水的纯度取决于水中可溶性电解质的含量。由于一般水中含有 Na^+、K^+、Mg^{2+}、Ca^{2+}、CO_3^{2-}、Cl^-、SO_4^{2-} 等多种离子,实际上它是一种极稀的电解质溶液,具有导电能力。离子浓度越大,水的纯度越低,导电能力越强。因此通过测定电导率可以鉴定水的纯度。

[实验用品]

DDS-11A 型电导率仪、DJS-1 型铂黑电极、恒温槽、自来水、蒸馏水、去离子水。

[实验步骤]

(1)调节恒温槽,使温度恒定在 25.0 ℃±0.1 ℃。

(2)将实验用自来水、蒸馏水和去离子水分别置于 3 只小烧杯中(取样前应用待测水样将烧杯清洗 2~3 次),然后放入恒温槽中恒温 10~15 min。

(3)调节电导率仪后,依次测出上述水样的电导率。

[数据记录与处理]

将测试结果记录于表 3-3 中。

表 3-3　不同水样的电导率测试结果

测试组别	自来水	蒸馏水	去离子水
第一次测试结果			
第二次测试结果			
第三次测试结果			
平均电导率 $k/(\mu S \cdot cm^{-1})$			

恒温槽温度_____℃。

[注意事项]

(1)由于空气中的 CO_2 溶于水后会使溶液的电导率增大,因此测量纯水电导率时操作要迅速。

（2）电导电极在第一次使用前或长时间未使用时，必须放入蒸馏水中浸泡数小时，以去除电极片上面的杂质。

（3）铂黑电极在浸入不同水样之前，必须将前次沾附在电极表面的水擦干，但是注意切勿碰触电极的铂黑镀层部分。

（4）为确保测量精度，可以用标准电导溶液重新标定电极常数。

任务 评价

考核内容	分值	得分
实验前预习原理	10	
穿着实验服，正确佩戴护具	10	
液体取样操作	20	
电导率仪使用规范	20	
恒温槽使用规范	20	
实验后数据处理	20	
总分	100	

思考 测试

1.实验室用水可用_____、_____、_____等方法制得。

2.《分析实验室用水规格和试验方法》将适用于化学分析和无机痕量分析等实验用水分为_____个级别，一般实验室用水应符合_____级水标准要求。

3.实验室用水水质的检验可分为_____、_____两种。

4.实验室用水水质检验，取样后要立即测定，以避免_____使水的电导率增大

5.蒸馏法制备纯水，能除去水中的_____杂质。

6.用电导率仪测定水纯度的依据是什么？

◎ 任务 2   标准溶液配制

任务描述●

　　观察实验台上的玻璃器皿,移液管与吸量管的区别是什么? 不同规格的容量瓶如何清洗、使用? 当我们配制出溶液后,如何利用酸度计测试其酸碱性?

　　通过本任务的学习与实训,我们将掌握标准溶液配制的相关知识,熟练使用移液管、吸量管与容量瓶,根据给定任务配制出一定浓度的标准溶液,掌握酸度计的使用方法,理解中和滴定的概念与原理。

知识准备●

一、移液管与吸量管

1. 吸管的分类

　　吸管是用来准确移取一定体积有机或无机液体样品的玻璃量器,包括无分度吸管和有分度吸管两类。

　　(1)移液管:无分度吸管统称移液管,也叫单标线吸管,如图 3-3(a)所示,只能用来量取固定体积的溶液。它中间有一膨大部分(称为球部),上部管颈上印有一根标线,此标线是按一定温度下(一般为 20 ℃)放出液体的体积来刻度的。 常用的移液管有 5 mL、10 mL、25 mL、50 mL 等规格。

　　(2)吸量管:有分度吸管又称吸量管,如图 3-3(b)所示,其刻度线与量筒相似,可以用来准确移取不同体积的液体。常用的吸量管有 1 mL、2 mL、5 mL、10 mL 等规格。

　　移液管标线部分管径较小,准确度较高;吸量管读数的刻度部分管径较大,准确度稍差。因此,当需要量取整数体积的溶液时,推荐使用该规格的移液管而不用吸量管;吸量管在仪器分析中配制系列溶液时应用较多,用吸量管时,同一实验尽量用同一吸量管的同一部位。

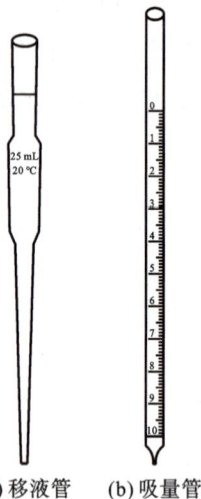

(a)移液管　　(b)吸量管

图 3-3   移液管与吸量管

2. 吸管的使用方法

1)洗涤

　　洗涤前要检查管的上口和尖嘴是否完整无损。移液管和吸量管一般先用自来水冲洗,若挂水珠,则需要用铬酸洗液洗涤。用洗液洗涤前,要尽量除去吸管中残留的水。

(1)用洗液洗涤的方法:右手拿吸管,管的下口插入洗液中,左手拿洗耳球,先把球内空气挤出,然后把球的尖端正对吸管的上口,利用洗耳球的负压,将洗液慢慢吸入管内直至上升到刻度以上部分,等待 1 min 左右,将洗液放回原瓶中。如需较长时间浸泡在洗液中,可将吸量管直立于大量筒中,量筒内装满洗液,量筒上用玻璃片盖上,浸泡一段时间后,取出吸量管,依次用自来水和蒸馏水淋洗干净。

(2)用自来水和蒸馏水洗涤的方法:将吸管插入水中,左手拿洗耳球将水慢慢吸至吸管容积的 1/3 处,用右手的食指按住管口,抽出吸管并横过来,管尖稍向下倾斜,用两手转动吸管,使水遍布全管内壁,边转动边从下口将水放出,反复洗 2～3 次。洗净的判断标准是内壁不挂水珠。洗净后将其放在干净的吸管架上。

2)吸取溶液

吸取溶液前,先去除管尖残留的水分,再用滤纸将管尖擦干,然后将待吸取溶液倒入一洁净、干燥的小烧杯中一小部分,用与蒸馏水洗涤相同的方法,用待取用的溶液润洗 2～3 次,以确保要移取的目标溶液浓度不变。

吸取目标溶液时,用右手的拇指和中指捏住吸管的末端,将管尖插入液面下 1～2 cm。管尖伸入液面不要太深或太浅,太深会在管外沾附过多溶液,太浅会产生吸空。当管内液面借洗耳球的吸力而慢慢上升时,管尖应随容器中液面的下降而下降,当管内液面升高到刻度以上时,移去洗耳球,迅速用右手食指堵住管口(便于调节液面),将管上提,离开液面,并用滤纸拭干吸管下端外部。

3)调液面

取一干燥洁净的小烧杯,将吸管尖端靠在小烧杯的内壁上,保持管身垂直,烧杯略倾斜,稍松右手食指,借助右手拇指及中指轻轻捻转管身,使液面缓慢而平稳地下降,视线与刻度线上边缘在同一水平面上观察,直到弯液面的最低点与刻度线上边缘相切,立即停止捻动并用食指抵紧吸管,保持烧杯内壁与吸管尖嘴接触,以除去吸附于管口端的液滴。

4)放出溶液

将吸管伸入承接溶液的器皿中,使管尖接触器皿内壁,使容器倾斜而吸管的管身直立,松开食指,让管内溶液自由流下。在整个排放和等待过程中,管尖和容器内壁接触保持不动,待液面下降到管尖后,需等待数秒再取出吸管。残留于管尖的少量溶液,不可用外力迫使其流出,因校准吸量管时已考虑了末端残留溶液的体积。(但有一种吹出式吸量管,管口上刻有"吹"字,使用时必须吹出末端的溶液,使管内的溶液排尽。)

若使用吸量管移取溶液,且所需溶液的体积不足吸量管的满刻度,则放溶液时用食指控制管口,使液面慢慢下降至与所需刻度相切时,按住管口,随即将吸量管从接收器皿中移开即可。

吸管用后应立即用自来水冲洗,再用蒸馏水冲洗干净,放于吸管架上。特别需要注意的是,吸管为精密的玻璃计量仪器,不可放在加热设备中烘干。

二、容量瓶

容量瓶是一种细颈梨形平底的玻璃容器,带有玻璃磨口塞或塑料塞。瓶颈上有一标线,表示在所指定的温度(一般为 20 ℃)下,当液体达到标线时瓶内液体的体积。容量瓶主要用于配制标准溶液或试样溶液,也可用于将一定量的浓溶液稀释成准确体积的稀溶液。容量瓶通常有 25 mL、50 mL、100 mL、250 mL、500 mL、1 000 mL 等规格。

1. 容量瓶的使用方法

1)试漏

容量瓶在使用前应先检查瓶塞是否密合,方法如下:加自来水至标线附近,盖好瓶塞,一手用食指按住塞子,其余手指拿住瓶颈标线以上部分,另一手用指尖托住瓶底边缘,倒立容量瓶 2 min,用干滤纸片沿瓶口缝隙处检查有无水渗出,如果不漏,直立容量瓶,旋转瓶塞 180°,塞紧,再倒立 2 min,如仍不漏水,方可使用。

2)洗涤

检查合格的容量瓶应洗涤干净,洗涤原则和方法与洗涤吸管相同。洗净的容量瓶内壁应均匀润湿,不挂水珠,否则必须重洗。

3)转移

将固体物质配制成一定体积的溶液(通常是将固体物质放在小烧杯中,用水溶解)后,再定量地转移到容量瓶中。转移时,将一根玻璃棒伸入容量瓶中,使其下端靠住瓶颈内壁,上端不要碰瓶口,烧杯嘴紧靠玻璃棒,使溶液沿玻璃棒和内壁流入,如图 3-4(a)所示。溶液全部转移后,将玻璃棒稍向上提起,同时使烧杯直立,将玻璃棒放回烧杯,以防止玻璃棒下端的溶液落至瓶外,用蒸馏水吹洗玻璃棒和烧杯内壁,将洗涤液按上述方法也转移至容量瓶中,如此重复多次(至少 3～5 次),完成定量转移。如果是浓溶液稀释,则用吸管吸取一定体积的浓溶液,放入容量瓶中,再进行稀释定容。

4)定容

溶液转移入容量瓶后,加蒸馏水至容量瓶容积的 3/4 左右,将容量瓶平摇几次(切勿倒转摇动),如图 3-4(b)所示,使溶液初步混匀。然后把容量瓶平放在桌上,慢慢加蒸馏水到接近标线下 1 cm 左右,等待 1～2 min,使沾附在瓶颈内壁的溶液流下,用细长滴管伸入瓶颈接近液面处,眼睛平视标线,加水至弯液面下缘最低点与标线相切,立即盖紧瓶塞。

5)摇匀

用左手食指按住容量瓶塞子,右手指尖顶住瓶底边缘,将容量瓶倒转,如图 3-4(c)所示,使气泡上升到顶。将瓶正立后,再次倒立振荡,如此反复 10～15 次,使溶液充分混合均匀,最后放正容量瓶,打开瓶塞,使其周围的溶液流下,重新塞好瓶塞再倒立振荡 1～2 次,使溶液全部混合均匀。

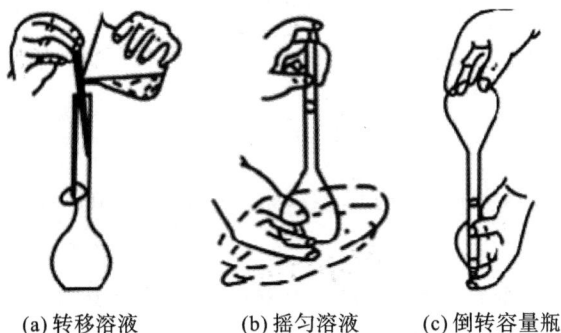

(a) 转移溶液　　　　(b) 摇匀溶液　　　(c) 倒转容量瓶

图 3-4　容量瓶的操作

需要注意的是,在上述操作过程中不能用手掌握住瓶身,以免体温造成液体膨胀,影响容积的准确性;热溶液应冷却至室温后,再转入容量瓶中,否则将造成体积误差;容量瓶中不要长期存放配制好的溶液,尤其是碱性溶液,如需保存配好的溶液,应转移到干净的磨口试剂瓶中;使用中不能将玻璃磨口塞随便取下放在桌面上,以免沾污;必须保持瓶塞与瓶子的配套,不可错拿;为了使瓶塞不丢失、不弄混、不摔碎,常用塑料线绳或橡皮筋等把它系在瓶颈上;使用后的容量瓶应立即用水冲洗干净,如长期不用,需将磨口处洗净擦干,垫上纸片,防止粘结;容量瓶不能进行加热溶液的操作,更不能放在烘箱中烘烤。

3. 酸度(pH 值)测量工具

除了我们熟知的 pH 试纸之外,酸度计也是用来测定溶液 pH 值的常用仪器之一,其优点是使用相对方便,测量迅速准确。它主要由参比电极、指示电极和测量系统三部分组成。参比电极常用饱和甘汞电极,指示电极则通常是一支对 H^+ 离子具有特殊选择性的玻璃电极。市面上的酸度计种类很多,大体的操作流程基本相同。图 3-5 所示为 PHS-2 型酸度计,可测量 pH 值和电动势,量程分 7 挡。测量 pH 值范围 0~14,每挡 2 pH;测量电动势范围 0~±1 400 mV,每挡 200 mV。

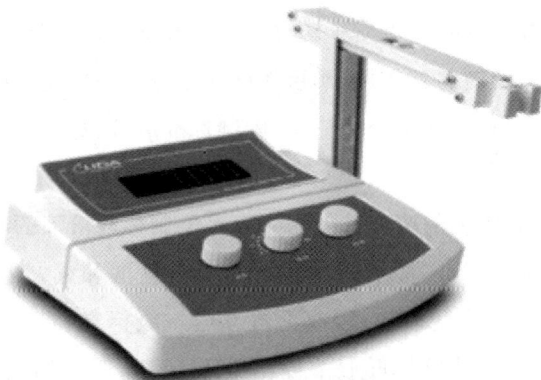

图 3-5　　PHS-2 型酸度计

需要特别说明的是,酸度计的玻璃电极会被强碱性液体(pH≥12)或含有氟化物的溶液腐蚀,因此测试这两类溶液的操作要迅速,测试完及时冲洗电极,否则将影响电极寿命。

知识延伸

pH值通常用于指示溶液的酸碱性,其中7被定义为中性,pH<7表示酸性,而pH>7表示碱性。

pH值的概念最初是由丹麦化学家索伦·佩德·劳里茨(Søren Peder Lauritz)在嘉士伯实验室工作时提出的。pH值代表氢离子浓度的负对数,这个概念围绕着氢离子浓度的测量而建立。pH值的范围理论上应该从负无穷到正无穷,这是因为pH值是根据氢离子浓度的负对数来定义的。然而,在标准实验室中,大多数溶液的pH值都在0到14之间。这是因为要达到pH值低于0或高于14的水平,就需要非常强的酸性或碱性溶液。例如,饱和氢氧化钠溶液(NaOH)的pH值理论上应该是15,但实际上实验室中测得的pH值通常在13左右。pH值的确切含义在化学领域中仍然是一个有争议的话题。

任务实施

标准盐酸溶液的配制及标定

[实验目的]

(1)掌握酸碱滴定分析的基本原理及实验操作步骤。

(2)学会盐酸标准溶液的配制与标定方法。

(3)练习滴定操作,掌握滴定管、移液管的正确使用方法。

(4)掌握酸碱指示剂的选择方法及确定滴定终点的方法。

[实验原理]

酸碱滴定法又称中和滴定法,是以质子转移反应为基础的滴定分析方法。测定酸性溶液的浓度时,用已知浓度的强碱溶液与其作用,然后根据滴定过程中所消耗的强碱溶液的量,求出待测酸性物质的含量。滴定分析法通常分为三步:配制标准溶液,标定标准溶液的浓度,测定待测试样的含量。

标准溶液是指已知准确浓度的溶液。能用于直接配制标准溶液的物质称为一级标准物质,也叫基准物质。采用酸碱滴定的定量分析方法,经常选择盐酸和氢氧化钠作标准的酸、碱溶液。由于浓盐酸容易挥发,精确的浓度未知,因而无法充当一级标准物质,不能直接配制成标准溶液。在理化分析实验中,可以先配制近似浓度的盐酸溶液,然后用基准物质,如无水碳酸钠(Na_2CO_3)或硼砂($Na_2B_4O_7 \cdot 10H_2O$)来标定其准确浓度。碳酸钠物美价廉、容易提纯,但在空气中长期存放会吸湿受潮,使用前必须在 270～300℃ 高温烘干约 1 h,随后在干燥器中冷却至室温备用。

采用碳酸钠标定盐酸浓度的化学反应方程如下:

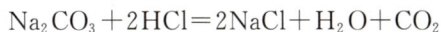

$$Na_2CO_3 + 2HCl = 2NaCl + H_2O + CO_2$$

实验中,如果用 0.100 0 mol/L 的 HCl 溶液滴定 0.100 0 mol/L 的 Na_2CO_3 溶液,达到计量点时的混合溶液 pH＝3.9,滴定突跃过程的 pH 范围约在 5.0～3.5。由此可知,滴定的指示剂选用甲基橙(变色范围 pH＝3.1～4.4)或甲基红(变色范围 pH＝4.4～6.2)较为适宜。当滴定接近终点时,可以将混合的溶液煮沸后冷却至室温,该操作能够减少溶解 CO_2 的影响,提高滴定的准确度。

[实验用品]

仪器:分析天平、酸式滴定管(25 mL)、容量瓶(100 mL)、移液管(10 mL)、锥形瓶(100 mL)三个、烧杯(100 mL,1 000 mL)、量筒(10 mL,1 000 mL)、试剂瓶、称量瓶、洗瓶、玻璃棒。

试剂:无水 Na_2CO_3(s, AR)①、浓 HCl(AR)、甲基橙指示剂(0.5%)。

[实验步骤]

(1)配制 0.1 mol/L 的 HCl 溶液 1 000 mL:计算配制 1 000 mL 0.1 mol/L 的 HCl 溶液所需浓盐酸的体积。在通风橱中,用 10 mL 规格小量筒量取所需浓盐酸,倒入盛有 300 mL 蒸馏水的 1 000 mL 规格大烧杯中,用少量蒸馏水洗涤小量筒 2～3 次,将洗液倒入 1 000 mL 的大烧杯中,加蒸馏水稀释至 1 000 mL,搅拌均匀后转移至 1 000 mL 试剂瓶中备用。

(2)Na_2CO_3 标准溶液的配制:在分析天平上用差减法精确称取无水 Na_2CO_3 0.6～0.8 g(准确至±0.000 1 g)置于 100 mL 烧杯中,注入 30 mL 蒸馏水并用玻璃棒轻轻搅动令其完全溶解。将烧杯内的液体转移至 100 mL 的容量瓶中,用少量蒸馏水洗涤烧杯数次(洗涤液必须倒入容量瓶,注意控制总体积),加蒸馏水至刻度线,将定容的溶液充分摇匀。

(3)HCl 溶液的标定:取一支洁净的 10 mL 移液管,用配制好的 Na_2CO_3 标准溶液润洗三次,随后吸取 Na_2CO_3 溶液 10.00 mL 放入 100 mL 规格的干净锥形瓶中,用洗瓶沿着锥形瓶内壁缓缓注入少量的蒸馏水将沾附的溶液冲下,加甲基橙指示剂 1 滴,此时溶液应当呈现黄色。

用少量待标定的 HCl 溶液润洗酸式滴定管三次,注入 HCl 溶液至"0"刻度以上,检查滴定管中有无气泡,若有气泡及时排除。打开滴定管活塞,放出多余的盐酸溶液,将凹液面调整至"0"刻度,或"0"刻度以下的某个刻度,记录此刻的初始读数,小数位保留至 0.01 mL。

将盛放 Na_2CO_3 标准溶液的锥形瓶放置在滴定管正下方,缓慢滴加 HCl 溶液。在滴加过程中,边滴边摇动锥形瓶,待溶液变成浅黄色时预示已经临近终点。用少量蒸馏水冲洗锥形瓶

―――――――――――

①s 表示固体。

的内壁,继续缓慢滴加 HCl 溶液,当锥形瓶内的溶液颜色刚刚变成橙色(或微红色)就达到滴定终点。记录此时消耗的 HCl 溶液体积。

重复上述滴定操作三次,根据滴定所消耗的 HCl 溶液的体积和实际参加反应的 Na_2CO_3 质量可计算出 HCl 溶液的准确浓度:

$$c(HCl) = \frac{2 \times m(Na_2CO_3)}{M(Na_2CO_3) \times V(HCl)}$$

[数据记录与处理]

将 HCl 溶液的标定结果记录于表 3-4 中。

表 3-4　0.1 mol/L HCl 溶液的标定

实验序号	1	2	3
称量瓶＋Na_2CO_3 的质量 m_1/g			
称量瓶＋剩余 Na_2CO_3 的质量 m_2/g			
$m(Na_2CO_3)$/g			
指示剂			
终点颜色变化			
$V(Na_2CO_3)$/mL			
$V_{初}(HCl)$/mL			
$V_{终}(HCl)$/mL			
$V_{消耗}(HCl)$/mL			
$c(HCl)/(mol \cdot L^{-1})$			
$c_{平均}(HCl)/(mol \cdot L^{-1})$			
相对平均偏差/%			

任务拓展

标准氢氧化钠溶液的配制和标定

[实验目的]

(1)掌握酸碱滴定分析的基本原理及实验操作步骤。

(2)学会氢氧化钠标准溶液的配制与标定方法。

(3)强化练习滴定操作,掌握滴定管、移液管的正确使用方法。

(4)掌握酸碱指示剂的选择方法及确定滴定终点的方法。

[实验原理]

由于氢氧化钠在空气中长期存放会与二氧化碳反应,因此无法使用氢氧化钠固体试剂直接配制出精确浓度的溶液。同样地,也需要对配制出的氢氧化钠溶液进行标定。

常用于标定NaOH的一级标准物质有草酸和邻苯二甲酸氢钾($KHC_8H_4O_4$)。理化性质分析实验中最常用的是邻苯二甲酸氢钾,这种试剂稳定性好,容易纯化,且摩尔质量较大。

采用邻苯二甲酸氢钾标定氢氧化钠浓度的化学反应方程如下:

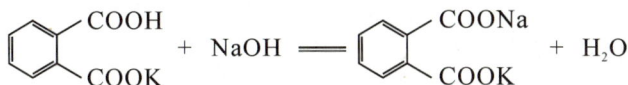

反应达到计量点时,混合溶液的pH约为9.1,因而该滴定过程选用酚酞指示剂为宜。

[实验用品]

仪器:分析天平,碱式滴定管,容量瓶(100 mL),移液管(10 mL),锥形瓶(100 mL)三个,烧杯(100 mL,250 mL),量筒(10 mL,1000 mL),试剂瓶,称量瓶,洗瓶,玻璃棒。

试剂:NaOH(s,AR),$KHC_8H_4O_4$(s,AR),酚酞指示剂(0.1%)。

[实验步骤]

(1)配制近似浓度0.1 mol/L NaOH溶液250 mL:计算配制250 mL 0.1 mol/L NaOH溶液所需的固体NaOH的质量。使用分析天平快速称取所需的NaOH固体放于250 mL规格的烧杯中,注入50 mL蒸馏水并缓慢搅拌溶解,该过程放热,待冷却至室温后继续加入蒸馏水稀释至250 mL,搅匀后转移至试剂瓶中备用。

(2)邻苯二甲酸氢钾($KHC_8H_4O_4$)标准溶液的配制:在分析天平上用差减法精确称取$KHC_8H_4O_4$ 1.0～1.3 g(准确至0.0001 g)。在100 mL规格的小烧杯中,加入20～30 mL蒸馏水溶解$KHC_8H_4O_4$固体,可以用玻璃棒轻轻搅动加速溶解。随后将溶液转移至100 mL的容量瓶中,用少量蒸馏水洗涤小烧杯数次(洗涤液必须加入容量瓶),加蒸馏水至刻度线定容,将$KHC_8H_4O_4$标准溶液充分摇匀备用。

(3)NaOH溶液的标定:取一支洁净的10 mL移液管,用少量新鲜配制的$KHC_8H_4O_4$标准溶液润洗三遍,然后吸取10.00 mL $KHC_8H_4O_4$标准溶液注入锥形瓶中,用洗瓶沿着锥形瓶内壁将沾附液体冲下,加入2滴酚酞指示剂并摇匀。

用少量待标定的NaOH溶液润洗碱式滴定管三遍,装入NaOH溶液至"0"刻度以上,检查滴定管内有无气泡,若有气泡及时排除,打开活塞,放出多余的NaOH溶液,将凹液面调整至"0"刻度(或"0"刻度以下),记录初始读数(准确至0.01 mL)。

将盛放$KHC_8H_4O_4$标准溶液的锥形瓶放置于碱式滴定管正下方,缓慢滴加NaOH溶液并轻轻摇动锥形瓶。接近终点时须用少量的蒸馏水冲洗锥形瓶的内壁,缓慢逐滴加入 NaOH 溶液。当锥形瓶内的液体颜色刚刚变为浅红色就达到滴定反应的终点。记录此刻消耗的 NaOH 溶液的体积。

重复滴定操作 3 次,根据滴定所消耗的 NaOH 溶液的体积和实际参加反应的 $KHC_8H_4O_4$ 质量可计算出 NaOH 溶液的准确浓度:

$$c(NaOH) = \frac{m(KHC_8H_4O_4)}{M(KHC_8H_4O_4) \times V(NaOH)}$$

[数据记录与处理]

将 NaOH 溶液的标定结果记录于表 3-5 中。

表 3-5　0.1 mol/L NaOH 溶液的标定

实验序号	1	2	3
称量瓶＋$KHC_8H_4O_4$ 的质量 m_1/g			
称量瓶＋剩余 $KHC_8H_4O_4$ 的质量 m_2/g			
$m(KHC_8H_4O_4)$/g			
指示剂			
终点颜色变化			
$V(KHC_8H_4O_4)$/mL			
$V_{初}(NaOH)$/mL			
$V_{终}(NaOH)$/mL			
$V_{消耗}(NaOH)$/mL			
$c(NaOH)$/(mol·L^{-1})			
$c_{平均}(NaOH)$/(mol·L^{-1})			
相对平均偏差/%			

任务评价

考核内容	分值	得分
实验前预习原理	10	
穿着实验服,正确佩戴护具	10	
移液管与吸量管的使用	20	
标准溶液的配置	20	
酸碱滴定的操作	20	
实验后数据处理	20	
总分	100	

思考测试

1. 实验室用来制备碳酸钠溶液的容量瓶是否需要干燥?为什么?

2. 移液管量取溶液前是否需要用被量取的溶液润洗?

3. 碳酸钠作为标准物质标定 HCl 时,为什么不用酚作指示剂?

4. 实验室标定用的基准物质应具备什么条件?

任务 3　阳离子的滴定分析

任务描述

物质的定量分析就是通过化学或物理方法测定物质中化学成分的含量。通常的化工生产控制分析和化工商品检验工作,在物料基本组成已知的情况下,主要是对原料、中间产物和产品进行定量分析,以检验原料和产品的质量,监督生产或商品流通过程是否正常。根据测定原理和操作技术不同,物质的定量分析技术可分为化学分析法和仪器分析法两大类。化学分析法是以物质的化学反应为基础的检测方法,较为常用的是滴定分析法,具有操作简便、快速、准确度高等特点,适用于常量分析(组分含量在 1% 以上)。

在任务 2 中,我们已经掌握了如何通过中和滴定法检测酸性溶液和碱性溶液的浓度。通过本任务的学习,我们将了解络合定量分析的原理,掌握常用的阳离子定量分析方法,并掌握定量分析结果的表示及数据处理方法。

知识准备

一、滴定分析法

将已知成分和准确浓度的标准溶液(滴定剂)通过滴定管滴加到待测液体试样中,与待测组分进行定量的化学反应,当反应进程达到化学计量点时,根据消耗标准滴定剂的体积和浓度计算待测组分含量的方法叫作滴定分析法。为了简单快速地识别化学计量点,常在试样溶液中加入少量指示剂,借助其颜色的显著变化来表达化学计量点。指示剂颜色发生明显变化而终止滴定时,称为滴定终点。

1. 滴定分析的基本条件

并非任何化学反应都适用于滴定分析。适用于滴定分析的化学反应必须具备以下基本条件:

(1)反应按化学式计量关系定量进行,即严格按一定的化学方程式进行,滴定过程中没有副反应发生。如果有共存物质干扰滴定反应,能够找到适当方法加以排除。

(2)反应进行完全,即当滴定终点来临时,被测组分有 99.9% 以上转化为生成物,如此才能保证分析的准确度。

(3)反应速率快,即随着滴定的进行,能迅速完成化学反应。对于化学动力学速率较慢的反应,可通过加热或加入催化剂等途径来加速反应。

(4)有适当的指示剂或其他方法,可简便可靠地识别和判定滴定终点。

2.滴定分析方法的分类

按照滴定剂与待测成分之间化学反应的类型不同,滴定分析方法有以下四种。

(1)酸碱滴定法:利用酸碱中和反应。常用强酸溶液作滴定剂测定碱性物质,或用强碱溶液作滴定剂测定酸性物质。

(2)配位滴定法:利用配位反应。常用 EDTA(乙二胺四乙酸二钠)溶液作滴定剂测定某些金属阳离子。

(3)氧化-还原滴定法:利用氧化-还原反应。常用高锰酸钾溶液、碘溶液或硫代硫酸钠溶液作滴定剂测定某些具备还原性或氧化性的物质。

(4)沉淀滴定法:利用沉淀反应,常用硝酸银溶液作滴定剂,借助卤化银极易沉淀的特性测定卤素离子。

二、标准滴定溶液

1.标准滴定溶液浓度的表示方法

标准滴定溶液的浓度通常用物质的量浓度表示。在滴定分析中,为了便于计算和分析实验结果,规定了标准滴定溶液和待测物质选取基本单元的原则:酸碱滴定反应以给出或接受一个质子作为基本单元,氧化-还原滴定反应以给出或接受一个电子作为基本单元。这样,标准滴定溶液物质的量浓度的含义就完全确定下来了。例如 $c(1/2H_2SO_4)=1.0 \text{ mol/L}$,表示每升溶液中含硫酸 49.04 g,基本单元是硫酸分子的 1/2。

在理化性质分析实验中,为了快速得到分析结果,常用滴定度表示标准滴定剂的浓度。滴定度的化学定义是指 1 mL 标准滴定剂相当于被测组分的质量,用 T(被测组分/滴定剂)表示。例如 $T(\text{NaOH}/\text{H}_2\text{SO}_4)=0.040\ 01 \text{ g/mL}$ 表示 1 mL 硫酸标准溶液相当于 0.040 01 g NaOH。用滴定度与滴定过程消耗的滴定剂体积相乘,可以快速计算出被测组分的质量。

2.标准滴定溶液的配制

标准滴定溶液的配制方法分为两种,直接配制法和间接配制法。

(1)直接配制法:准确称取一定质量的固体试剂,溶解后定量移入容量瓶中,准确稀释至容量瓶刻度线,根据溶质的质量和溶液的体积计算出标准滴定剂的浓度。能够直接配制标准滴定剂的试剂称为基准物质,它应符合下列要求:

①纯度高,含量达 99.9% 以上;

②物质的组成与化学式完全符合;

③性质稳定,不易变质。

常用的基准物质有无水碳酸钠(Na_2CO_3)、邻苯二甲酸氢钾($KHC_8H_4O_4$)、草酸钠

（Na₂C₂O₄）、氧化锌（ZnO）等。

（2）间接配制法：倘若试剂不符合基准物质的条件，如浓盐酸（易挥发）、氢氧化钠（易吸收空气中的水分和二氧化碳）等，这些物质的标准溶液必须采用间接配制法。首先配成接近所需浓度的溶液，然后用基准物质滴定其浓度，这种确定标准滴定剂准确浓度的操作称为"标定"；也可用另一种已知浓度的标准滴定剂测定待标定溶液的准确浓度，这种操作称为"比较"。

三、滴定管的种类与使用

在滴定分析中，经常要用到一些滴定分析的器皿和工具，如滴定管、容量瓶、吸量管等。滴定分析的测量工具分为量入式和量出式两种，在我国统一用 In 和 Ex 表示量入和量出。滴定管是一种量出式（Ex）计量玻璃仪器，是滴定时用来滴加标准溶液，并准确计量流出滴定剂体积的仪器。

1. 滴定管的分类

滴定管可按盛装溶液的 pH 值分为酸式滴定管和碱式滴定管。带有玻璃活塞的称为酸式滴定管，如图 3 - 6（a）所示，也称具塞滴定管，一般盛装酸性、中性或氧化性溶液，由于碱会腐蚀玻璃活塞，因此不能装碱性溶液。滴头用橡胶管连起来，胶管内有一玻璃珠的滴定管，称为碱式滴定管，如图 3 - 6（b）所示，也称无塞滴定管，用来盛装碱性和非氧化性溶液，但不能盛放酸性和氧化性溶液，如 H₂SO₄、KMnO₄ 等，以避免腐蚀橡胶管。近年来，又出现了聚四氟乙烯酸碱两用滴定管，其旋塞用聚四氟乙烯高分子制成，耐腐蚀、密封性能优良。

2. 酸式滴定管的使用方法

（1）洗涤。对于无明显油污的滴定管，可直接用自来水进行冲洗，或者浸泡在肥皂水中泡洗。需要注意的是不能用去污粉刷洗，否则容易划伤内壁，影响量出体积的准确性。洗净的滴定管内壁应完全被水润湿且不挂水珠残留。洗净

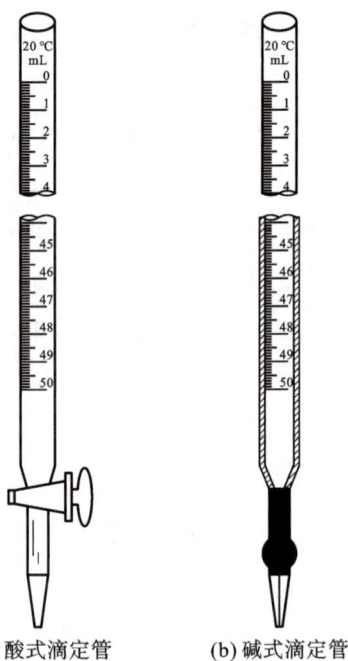

(a)酸式滴定管　　(b)碱式滴定管

图 3 - 6　滴定管

的滴定管要倒夹在滴定管架上晾干备用。滴定管如果长期不用，则应当将活塞和活塞套擦拭干净并垫上纸片进行分隔，以防玻璃活塞和活塞套之间粘牢。

（2）活塞涂油。酸式滴定管使用前，应检查玻璃活塞可否灵活转动且不漏液体。若不符合以上要求，则可在活塞缝隙涂一层凡士林。涂上少量凡士林之后，沿着同一方向旋转活塞，使内部的凡士林均匀摊开呈透明状，并没有明显的气泡和纹路。最后顶住活塞，重新套上橡皮胶圈，

避免活塞松动漏液或滑出遗失。

(3)试漏。滴定管使用之前和容量瓶一样,需要严格检查试漏。将酸式滴定管的活塞关闭,装入蒸馏水或去离子水至一定刻线,直立滴定管数分钟,观察液面是否下降、活塞缝隙处和滴定管下端是否有液珠溢出。随后,将活塞旋转180°,重复观察一遍,仍无漏水现象方可使用,若出现漏水现象需重新擦干涂油。

(4)装入滴定剂并赶气泡。准备好不漏液的洁净滴定管后可以装入标准滴定剂。首先将瓶中标准滴定剂摇匀,使凝结在容器内壁上的液珠重新汇入溶液,标准滴定剂液体应小心地从开口处直接倒入滴定管,不可借助烧杯、漏斗等其他器皿转移溶液。为了避免滴定管内壁残留水分对滴定剂浓度的影响,应先用标准滴定剂润洗滴定管2～3次,润洗后装入滴定剂超过零刻度线以上,并放出适量滴定剂用来赶气泡。

(5)滴定管的操作。将滴定管竖直地夹于滴定管架上的蝴蝶形滴定管夹。使用酸式滴定管时需要用左手控制玻璃活塞,手指操作姿势如图3-7(a)所示。转动活塞时切勿向外用力,以免玻璃活塞被强行顶出导致漏液。同时也不要过分往里挤压,以免造成活塞转动困难,影响滴加液体的流畅性。

滴定反应通常在锥形瓶中进行,为便于观察滴定终点的颜色变化,可以在锥形瓶下方垫一块白瓷板或白色纸张充当背景板。操作时用右手拇指、食指和中指共同捏住锥形瓶的瓶颈,使瓶底距白色背景板约2～3 cm,同时调节滴定管高度使其尖嘴伸入瓶口约1～2 cm。左手按规范操作滴定管控制液滴流速,右手通过手腕发力匀速且轻柔地摇动锥形瓶使其沿同一方向做圆周运动。具体操作可参考图3-7(b)。双手配合,边滴加、边摇动,使锥形瓶内的液体充分混合。滴定终点时刻,在锥形瓶内壁将悬而未滴的溶液靠下称为半滴操作。

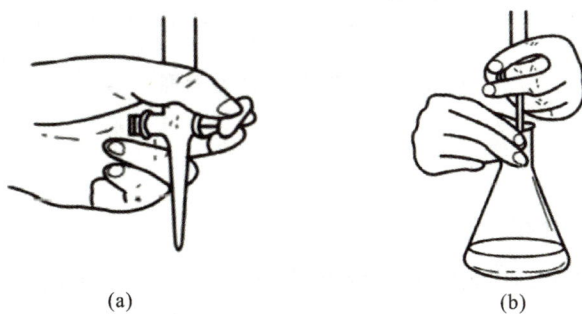

(a)   (b)

图3-7 酸式滴定管的操作

(6)滴定管读数。滴定开始前和滴定操作结束都需读取液体的体积数值。为了正确读数,应遵循如下规则:

①在滴定管注入或放出液体后不能立刻读数,需静待1 min左右,等滴定管内壁附着的液体流下来之后才能读数。

②将滴定管垂直地夹在滴定管夹上读数,或者用右手大拇指和食指捏住滴定管刻度线以上部位令滴定管竖直下垂读取数值。

③滴定管量出无色透明或浅色溶液,应读弯月面下缘最低点。读数时视线高度应与弯月面下缘实线的最低点相切,即视线与弯月面下缘实线的最低点在同一水平面上,如图 3-8(a)所示,消除视差影响。对于深色液体,应当使视线与液面两侧的最高点相切,如图 3-8(b)所示。单次滴定操作的初读和终读须采取同一标准。

④使用自带蓝色衬背的滴定管时,液面呈现三角交叉点,应读取交叉点与刻度相交位置的示数,如图 3-8(c)所示。

⑤有时为了方便读数,初学者也可采用读数卡进行协助。读数卡黑纸或涂有黑长方形色块的纸张制成。如图 3-8(d)所示,将读数卡衬在滴定管背后,使黑色块的边缘在弯液面下方约 1 mm 的高度,能够看到弯液面的反射层成为黑色,读出黑色弯液面下缘的最低点示数即为当前的液体体积。

(7)滴定结束后滴定管的处理。滴定实验结束后,将滴定管内剩余的溶液倒入指定的废液桶,不能倒回原瓶回收。用水洗净滴定管,倒夹在滴定管架上备用。

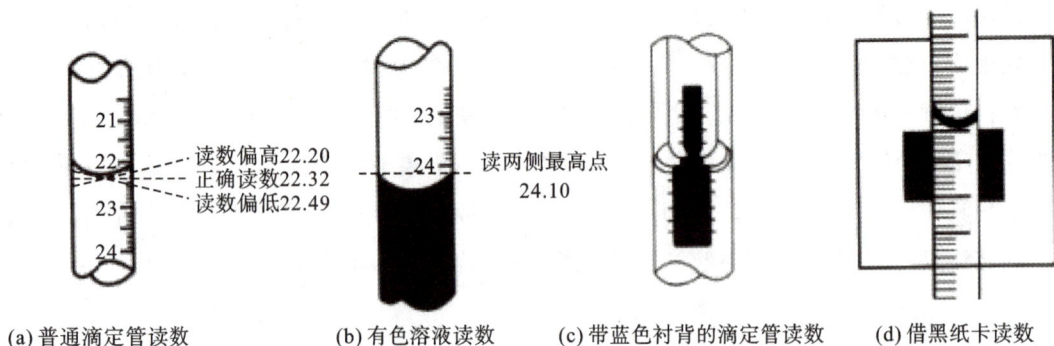

(a) 普通滴定管读数　　(b) 有色溶液读数　　(c) 带蓝色衬背的滴定管读数　　(d) 借黑纸卡读数

图 3-8　滴定管读数示意图

四、配位滴定

1. 配位滴定的基本介绍

配位滴定法是以配位反应为理论依据的滴定分析方法,它是用配位剂作为标准溶液直接或间接滴定被测物质,在滴定过程中通常需要选用适当的指示剂来显示滴定终点。配位剂分无机和有机两类,但由于许多无机配位剂与金属离子形成的配合物难以稳定存在,反应过程比较复杂或找不到与之匹配的指示剂,所以一般无法用于配位滴定。20 世纪 40 年代以来,很多有机配位剂,特别是氨羧配位剂用于配位滴定后,配位滴定法发展迅猛,一跃成为时下应用最广泛的滴定分析方法之一。

在氨羧配位剂中,乙二胺四乙酸(EDTA)最常用,它的分子结构式为

$$\text{HOOCCH}_2 \diagdown \quad \diagup \text{CH}_2\text{COOH}$$
$$\ddot{\text{N}}\text{—CH}_2\text{—CH}_2\text{—}\ddot{\text{N}}$$
$$\text{HOOCCH}_2 \diagup \quad \diagdown \text{CH}_2\text{COOH}$$

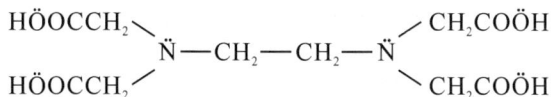

EDTA 分子中含有 2 个氨基氮和 4 个羧基氧共 6 个配位原子,可以和很多金属离子形成十分稳定的螯合物。用它作滴定剂,可以滴定几十种金属离子。如无特别说明,配位滴定一般就是指采用 EDTA 来滴定阳离子。

从结构式可以看出,EDTA 是四元酸,通常用符号 H_4Y 表示。它在水中分四步电离:

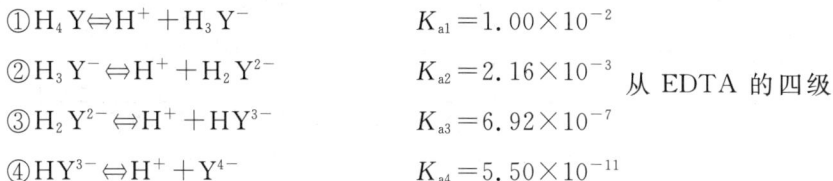

①$H_4Y \Leftrightarrow H^+ + H_3Y^-$　　　　　　$K_{a1} = 1.00 \times 10^{-2}$

②$H_3Y^- \Leftrightarrow H^+ + H_2Y^{2-}$　　　　　$K_{a2} = 2.16 \times 10^{-3}$　从 EDTA 的四级

③$H_2Y^{2-} \Leftrightarrow H^+ + HY^{3-}$　　　　　$K_{a3} = 6.92 \times 10^{-7}$

④$HY^{3-} \Leftrightarrow H^+ + Y^{4-}$　　　　　　$K_{a4} = 5.50 \times 10^{-11}$

电离常数来看,它的第一、第二级电离比较强,第三、第四级电离比较弱,故 EDTA 具有二元中强酸的性质。由于分步电离,EDTA 在溶液中以多种形式存在。从化学反应平衡的角度来看,加碱可以促进它的电离,所以溶液的 pH 值越高,其电离度就越大,当 pH>10.3 时,EDTA 几乎完全电离,以 Y^{4-} 的形式存在。

2. 酸度对 EDTA 配位滴定的影响

EDTA 在溶液中以多种形式存在,但只有 Y^{4-} 能与金属离子直接配位,用 M 代表金属离子,则配位平衡可表示为

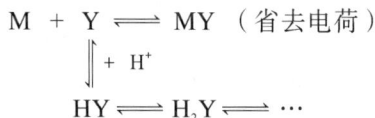

$$\text{M} + \text{Y} \Longrightarrow \text{MY} \quad (\text{省去电荷})$$
$$\Updownarrow + \text{H}^+$$
$$\text{HY} \Longrightarrow \text{H}_2\text{Y} \Longrightarrow \cdots$$

增加反应体系的 H^+ 浓度,会引发 EDTA 的电离平衡逆向移动,从而削弱 EDTA 的配位能力。这种由于 H^+ 的增加而使 EDTA 的配位能力削弱的现象称为酸效应。因此在配位滴定中溶液的 pH 值需要调控在合适范围,否则,配位反应就不完全。各种金属离子的 EDTA 配合物的稳定性不同,因此滴定时所允许的最低 pH 值(即金属离子能被准确滴定所允许的 pH 值)也不相同:K_{MY} 越大,滴定时所允许的最低 pH 值也就越小。将各种金属离子的 $\lg K_{MY}$ 与其滴定时允许的最低 pH 值作图,得到的曲线称为 EDTA 的酸效应曲线,如图 3-9 所示。

由图 3-9 可知,EDTA 和金属离子的配位能力和溶液酸度有关,酸效应曲线启发我们,控制溶液酸度可提高滴定的选择性。例如,Fe^{3+} 在 pH≥1,Al^{3+} 在 pH≥4 时才能进行配位滴定。因此,只要控制一定的 pH 值,便可在几种金属离子共存的情况下滴定某种离子或进行金属离子总浓度的测定。这一点,在本任务 Ca^{2+}、Mg^{2+} 的滴定中能够直观地体现。

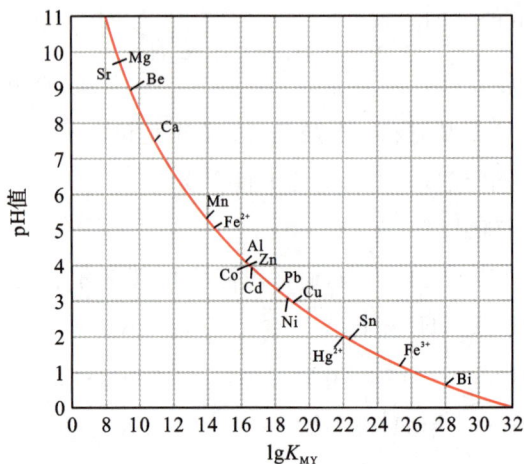

图 3-9　EDTA 的酸效应曲线

3. 金属指示剂

EDTA 配位滴定的终点可用金属指示剂来指示。金属指示剂往往是能够与金属离子生成配合物的有机染料,染料本身的颜色与生成的金属离子配合物颜色不同。下面以金属指示剂铬黑 T(EBT)为例说明其作用原理。

在 pH=10 的溶液中,用 EDTA 滴定 Mg^{2+},以铬黑 T 作指示剂,其变色过程如下:

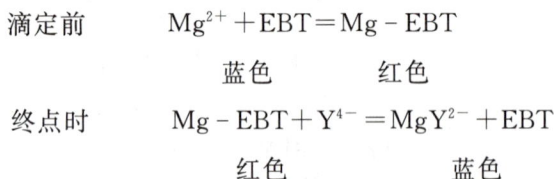

滴定前　　　$Mg^{2+} + EBT = Mg - EBT$

　　　　　　　蓝色　　　　　红色

终点时　　　$Mg - EBT + Y^{4-} = MgY^{2-} + EBT$

　　　　　　　红色　　　　　　　蓝色

Y^{4-} 之所以能争得 Mg-EBT 中的 Mg^{2+},是因为 MgY^{2-} 的稳定性超过 Mg-EBT 的稳定性。这是金属指示剂必备的条件之一。表 3-6 列出了常用的金属指示剂。

表 3-6　常用的金属指示剂

指示剂	可直接滴定的金属离子	适用 pH 值的范围	与金属配合物的颜色	指示剂本身的颜色
铬黑 T(EBT)	Mg^{2+}、Cd^{2+}、Zn^{2+}、Pb^{2+}、Hg^{2+}	9～10	红色	蓝色
二甲酚橙	Zr^{4+}	<1	红紫色	黄色
	Bi^{3+}	1～2		
	Th^{4+}	2.5～3.5		
	Sc^{3+}	3～5		
	Pb^{2+}、Cd^{2+}、Zn^{2+}、Hg^{2+}、Tl^{3+}	5～6		

续表

指示剂	可直接滴定的金属离子	适用 pH 值的范围	与金属配合物的颜色	指示剂本身的颜色
1-(2-吡啶偶氮)-2-萘酚(PAN)	Cd^{2+} In^{3+} Zn^{2+}(加入乙醇) Cu^{2+}	5 2.5～3.0 5.7 3～10	红色	黄色
钙指示剂	Ca^{2+}	12～13	红色	蓝色
酸性铬蓝 K	Ca^{2+}、Mg^{2+}、Zn^{2+}、Mn^{2+}	9～10	红色	蓝灰色
磺基水杨酸	Fe^{3+}	2～4	紫红色	无色 (终点呈淡黄色)
偶氮胂Ⅲ	稀土元素	4.5～8	深蓝	红色

知识 延伸

　　盖-吕萨克(J. L. Gay-Lussac,1778—1850),法国化学家、物理学家。1778 年 12 月 6 日生于圣莱奥纳尔,1850 年 5 月 9 日卒于巴黎。1797 年入巴黎综合工科学校学习,1800 年毕业。法国著名化学家 C. L. 贝托莱请他到其私人实验室当助手。1802 年盖-吕萨克任巴黎综合工科学校的辅导教师,后任化学教授,1809 年任索邦大学物理学教授,1832 年任法国自然历史博物馆化学教授。

　　容量分析法的建立离不开盖-吕萨克。1824 年他发表关于漂白粉中有效氯测定的论文,用磺化靛青作指示剂。之后他用硫酸滴定草木灰,又用氯化钠滴定硝酸银。这三项工作分别代表氧化-还原滴定法、酸碱滴定法和沉淀滴定法。

　　络合滴定法由 J. 冯·李比希首创,他用银(Ⅰ)滴定氰离子。

任务 实施

自来水总硬度(Ca^{2+}、Mg^{2+})的测定

[实验目标]

(1)了解水的硬度测定方法。

(2)掌握 EDTA 标准溶液的配制和标定方法。

(3)掌握 EDTA 法测定水硬度的原理。

(4)掌握铬黑 T 和钙指示剂的使用条件和终点变化。

[实验原理]

水的总硬度是指水体当中 Ca^{2+}、Mg^{2+} 的含量。工农业用水、饮用水对硬度都有一定要求，国家标准也有明确规定，饮用水硬度以 $CaCO_3$ 计不能超过 450 mg/L^{-1}。

测定水样中 Ca^{2+}、Mg^{2+} 总量时，用氨性缓冲溶液控制水样 pH=10，以铬黑 T 为指示剂，然后用 EDTA 滴定至溶液由酒红色变为纯蓝色，即为滴定终点。根据 EDTA 标准溶液的浓度和用量，可计算出被测水样中 Ca^{2+}、Mg^{2+} 的总量。

在 pH=12 的溶液中将 Mg^{2+} 沉淀为 $Mg(OH)_2$ 后，以钙红为指示剂，再由 EDTA 滴定至溶液由酒红色变为纯蓝色，即为滴定终点。根据 EDTA 标准溶液的浓度和用量，可计算出水中 Ca^{2+} 含量。如水中含有 Fe^{3+}、Al^{3+} 等微量元素，为避免其对指示剂产生封闭作用，可选用三乙醇胺进行掩蔽。

[实验用品]

仪器：250 mL 和 500 mL 烧杯、250 mL 容量瓶、10 mL 量筒、250 mL 锥形瓶、25 mL 和 50 mL 移液管、50 mL 酸式滴定管。

试剂：乙二胺四乙酸二钠（$Na_2H_2Y \cdot 2H_2O$）(s,AR)、$CaCO_3$（120 ℃干燥 2 h）、(1:1)盐酸溶液、(1:1)氨水、$NH_3 - NH_4Cl$ 缓冲溶液（pH=10）、10% NaOH 溶液、铬黑 T 指示剂[m（铬黑 T）：m（NaCl）=1:100，研细]、钙红指示剂（钙红：NaCl=1:100，研细）、氧化锌（ZnO）基准物质。

[实验步骤]

1. EDTA 溶液的配制和标定

(1)0.01 mol/L EDTA 溶液的配制。称取 19 g $Na_2H_2Y \cdot 2H_2O$ 固体试剂置于烧杯中，加 200 mL 蒸馏水，加热搅拌令其彻底溶解，冷却后转入细口瓶中加蒸馏水稀释至 500 mL 后，摇匀备用。长期放置时，应贮存于聚乙烯塑料瓶中。

(2)EDTA 溶液浓度的标定。准确称取 ZnO 基准物质 0.2 g 左右置于烧杯中，滴加少量蒸馏水进行润湿，滴加(1:1)盐酸至 ZnO 溶解，再转移至 250 mL 容量瓶中定容。

用移液管准确移取 25.00 mL ZnO 标准溶液于 250 mL 锥形瓶中，滴加(1:1)氨水至溶液出现混浊[$Zn(OH)_2$ 沉淀]，加入 10 mL $NH_3 - NH_4Cl$ 缓冲溶液，加少量铬黑 T 指示剂，用 EDTA 溶液滴定至溶液由酒红色变为纯蓝色即为终点。平行测定 3 次，根据 ZnO 基准物质的使用量计算 EDTA 溶液的准确浓度。

2. 水的总硬度测定

用移液管吸取待测试的自来水样 50.00 mL 于锥形瓶中，加 5 mL $NH_3 - NH_4Cl$ 缓冲溶液，再加少量铬黑 T,混合均匀后使得锥形瓶内液体呈现酒红色。立即用 EDTA 标准溶液进行滴定。临近滴定终点时要慢滴多摇,溶液由酒红色变为纯蓝色标示终点。平行测定 3 次,各次消耗的 EDTA 标准溶液体积相差不得超过 0.04 mL。

3. Ca^{2+} 含量测定

用移液管吸取待测试的自来水样 50.00 mL 于锥形瓶中,加 5 mL 10% NaOH 溶液和适量(约 0.01 g)钙红指示剂,用 EDTA 标准溶液滴定,注意慢滴并用力摇动锥形瓶,溶液由酒红色变至纯蓝色即为该次实验的滴定终点。平行测定 3 次,各次消耗的 EDTA 标准溶液体积相差不得超过 0.04 mL。

[数据记录与处理]

(1)EDTA 溶液标定数据记录于表 3-7 中。

表 3-7　EDTA 溶液标定数据

记录项目	序号		
	I	II	III
$m(ZnO)$ /g			
$c(ZnO)/(mol \cdot L^{-1})$			
$V(EDTA)/mL$			
$c(EDTA)/(mol \cdot L^{-1})$			
$\bar{c}(EDTA)/(mol \cdot L^{-1})$			
相对平均偏差/%			

$$c(EDTA) = \frac{m(ZnO) \times \frac{25.00}{250.00}}{V(EDTA) \cdot M(ZnO)}$$

(2)水的硬度测定数据记录于表 3-8 中。

表 3-8　水的确定测定数据

记录项目	序号			
	I	II	III	平均
水样体积 V/mL				
EDTA V_1/mL				
EDTA V_2/mL				

记录项目	序号			
	I	II	III	平均
$c(Ca^{2+})/(mg \cdot L^{-1})$				
$c(Mg^{2+})/(mg \cdot L^{-1})$				
总硬度$/(mg \cdot L^{-1})$				
相对平均偏差/%				

$$水的总硬度 = \frac{c(EDTA) \cdot V_1 \cdot M(CaCO_3)}{V \times 10^{-3}} \quad (mg \cdot L^{-1})$$

$$c(Ca^{2+}) = \frac{c(EDTA) \cdot V_2 \cdot M(Ca^{2+})}{V \times 10^{-3}} \quad (mg \cdot L^{-1})$$

$$c(Mg^{2+}) = \frac{c(EDTA) \cdot (V_1 - V_2) \cdot M(Mg^{2+})}{V \times 10^{-3}} \quad (mg \cdot L^{-1})$$

[注意事项]

(1)EDTA 溶液的配制方法。

(2)准确测定水的硬度。

任务 评价

考核内容	分值	得分
实验前预习原理	10	
穿着实验服,正确佩戴护具	10	
EDTA 溶液配制操作	20	
EDTA 溶液标定	20	
水的硬度测定流程	20	
实验后数据处理	20	
总分	100	

思考 测试

1.EDTA 与金属离子的配位反应有哪些特点?

2.举例说明金属指示剂的作用原理。

3.溶液的酸度对配位滴定有影响吗? 为什么?

4.为什么测定水的总硬度时要加入 NH_3-NH_4Cl 缓冲溶液? 操作中应注意些什么?

5.为什么实验中选用 EDTA 二钠盐作为滴定剂而不是 EDTA 酸?

6.用 EDTA 法时,哪些离子的存在有干扰? 如何消除干扰?

▶ 任务 4　阴离子的滴定分析

任务描述

离子滴定分析是一种常见的化学实验方法,用于确定溶液中特定离子的浓度。

在任务 3 中,我们已经知道采用配位滴定的原理能够检测溶液中的金属阳离子。那么,溶液中的阴离子又该如何检测呢?例如氯离子,它广泛存在于海水和周围环境中,是造成镁合金和钢铁等金属腐蚀的重要原因之一。通过本任务的学习,我们将理解如何利用沉淀溶解平衡来滴定阴离子,培养滴定实验操作技能和数据处理能力。

知识准备

一、沉淀溶解平衡

在理化性质分析实验中,水不仅可以用来洗涤玻璃器皿,也是一种极性很强的溶剂。许多无机化合物在水和有机溶剂中的溶解度有很大的差异。事实上,没有绝对不溶于水的物质,只是各种物质在水中溶解的量不同而已。通常,在 100 g 水中溶解度小于 0.01 g 的物质被称作难溶物,比如我们熟知的 $AgCl$(氯化银)和 $BaSO_4$(硫酸钡),它们虽然难溶,但已经溶解的部分在水中会完全电离,属于强电解质。想象一下,当固态 $AgCl$ 试样投入水中时,表面的 Ag^+ 和 Cl^- 会被水分子吸引而脱离晶体进入溶液,形成溶解过程;与此同时,溶液中的 Ag^+ 和 Cl^- 也可能重新附着到晶体表面,形成沉淀过程。在一定温度下,当溶解和沉淀的速率相等时,这个固液体系就达到了动态平衡,此时的溶液就是 $AgCl$ 的饱和溶液。

溶度积规则是推断沉淀生成与溶解的重要依据:当溶液中 $Q_c > K_{sp}$(溶度积)时,溶液处于过饱和状态,会析出沉淀;当 $Q_c < K_{sp}$ 时,溶液未饱和,已有的沉淀会继续溶解;只有当 $Q_c = K_{sp}$ 时,溶液恰好饱和,沉淀和溶解达到动态平衡。这一规则能够指导我们更深入地理解和控制沉淀反应。

金属离子是否容易与阴离子结合生成沉淀,主要取决于阳离子的核外电子排布和在元素周期表中的位置。例如,Cr^{3+}(铬离子)和 Pb^{2+}(铅离子)等重金属离子特别容易形成氢氧化物或硫化物沉淀。巧妙利用这一特性,我们可以通过施洒沉淀剂(如碱或硫化物)令重金属离子从水中沉淀出来。这种方法往往在废水处理中用于去除有害金属离子,实现水质净化。

二、银量法滴定分析

从沉淀溶解平衡出发,我们知道能够用于滴定的沉淀反应必须满足以下条件:

①沉淀物具有恒定的组成,且溶度积小;

②沉淀反应能够迅速发生;

③滴定过程能够找到匹配的指示剂来显示滴定终点。

在理化分析实验中,滴定阴离子经常选择难溶性的银盐沉淀,化学反应方程如下:

$$Ag^+ + X^- = AgX\downarrow$$

式中,X 可以为卤素离子(Cl^-、Br^-、I^-)或 CN^-、SCN^- 等。基于上述化学反应的沉淀滴定分析方法统称为银量法。根据使用指示剂的不同,银量法可分为多种类型,包括以铬酸钾为指示剂的莫尔法、以铁铵矾为指示剂的佛尔哈德法、采用吸附指示剂的法扬司法,以及碘-淀粉指示剂法等。

1. 莫尔法

莫尔法需要在非酸性的溶液体系中进行滴定,以铬酸根离子(通常用铬酸钾)作指示剂,用 $AgNO_3$ 标准溶液作滴定剂直接滴定氯离子(Cl^-)。滴定过程中,因为 AgCl 的溶解度比 Ag_2CrO_4 的更小,所以 AgCl 白色沉淀优先析出。当液体中所有 Cl^- 都被 Ag^+ 消耗完后,继续滴加硝酸盐,过量的 Ag^+ 转而与 CrO_4^{2-} 反应生成砖红色的铬酸银沉淀,通过白色到红色的颜色变化可以指示滴定终点。滴定反应如下:

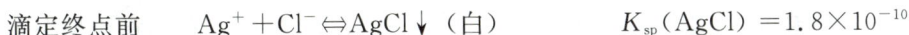

滴定终点前　　$Ag^+ + Cl^- \Leftrightarrow AgCl\downarrow$（白）　　　　$K_{sp}(AgCl) = 1.8 \times 10^{-10}$

滴定终点时　　$2Ag^+ + CrO_4^{2-} \Leftrightarrow Ag_2CrO_4$（砖红）　　$K_{sp}(Ag_2CrO_4) = 1.1 \times 10^{-12}$

莫尔法的滴定条件如下。

(1)指示剂的用量:莫尔法通过目测砖红色 Ag_2CrO_4 沉淀的产生来确定滴定终点。因此,铬酸根离子的浓度对沉淀的产生有很大影响。实践证明,K_2CrO_4 指示剂在体系中的浓度控制在 0.005 mol/L 较为合适,不宜太大,也不宜太小。铬酸根离子浓度过大,会提前出现滴定终点;铬酸根离子浓度过小,又将延迟滴定终点。两种情况都会干扰滴定实验的准确性。

(2)溶液体系的 pH 值范围:莫尔法只能在 pH=6.5～10.5 区间的中性或弱碱性溶液体系中进行,根本原因在于酸性条件下砖红色 Ag_2CrO_4 会溶解:

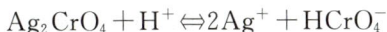

$$Ag_2CrO_4 + H^+ \Leftrightarrow 2Ag^+ + HCrO_4^-$$

$$2HCrO_4^- \Leftrightarrow Cr_2O_7^{2-} + H_2O$$

如果溶液中的碱性过强,如 pH>12,Ag^+ 会生成 AgOH 或 Ag_2O 沉淀:

$$Ag^+ + OH^- \Leftrightarrow AgOH\downarrow$$

$$2AgOH \Leftrightarrow Ag_2O \downarrow + H_2O$$

实验中,如果待测液的酸碱性不在 pH=6.5～10.5 区间,可以通过加入 HNO_3 或碳酸氢钠中和,将 pH 值调至合适范围。

莫尔法除了对 pH 值有限制要求,测定时还容易受到某些阳离子(如 Pb^{2+}、Hg^{2+} 等)和阴离子(PO_4^{3-}、AsO_4^{3-} 等)的干扰。利用莫尔法测定 Cl^- 和 Br^- 的时候,为了克服卤素离子的吸附作用,在滴定过程中要确保溶液振荡充分,以免影响滴定终点的准确性。值得一提的是,莫尔法所依据的沉淀反应不能用来滴定待测溶液中的 Ag^+ 离子,因为含有 Ag^+ 离子的待测溶液加入铬酸根指示后会直接析出 Ag_2CrO_4 沉淀,滴入氯离子将 Ag_2CrO_4 转化为 $AgCl$ 的过程很慢,容易引起较大的滴定误差。

2. 佛尔哈德法(Volhard)

佛尔哈德法使用含有 SCN^- 离子的滴定剂(通常为 NH_4SCN 或 $KSCN$ 标准溶液)来滴定含有 Ag^+ 的试液,可以用铁铵矾$[(NH_4)Fe(SO_4)_2]$作为指示剂,化学反应方程如下:

$$Ag^+ + SCN^- \Leftrightarrow AgSCN \downarrow （白） \qquad K_{sp}(AgSCN) = 1.0 \times 10^{-12}$$

$$Fe^{3+} + SCN^- \Leftrightarrow [Fe(SCN)]^{2+} （红） \qquad K_f = 1.38 \times 10^2$$

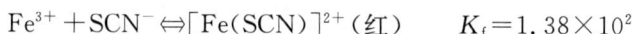

佛尔哈德法滴定过程的原理如下:含 SCN^- 离子的滴定剂加入待测溶液中,首先析出白色的 $AgSCN$ 沉淀,直至消耗完所有银离子。到达滴定终点时,过量的 SCN^- 转而与溶液中的 Fe^{3+} 离子发生反应,形成红色的$[Fe(SCN)]^{2+}$配离子,当体系颜色由白转红,表明已经到达滴定终点。

通过佛尔哈德法测定未知样品中的 Cl^-、Br^-、I^- 或 SCN^- 阴离子,正确的操作是先向被测未知样品中加入过量的 $AgNO_3$ 标准溶液,待沉淀完全后加入铁铵矾指示剂,再用 NH_4SCN 标准溶液作为滴定剂检测过量的 Ag^+,利用差值计算未知样品中阴离子含量。

在检测卤素 I^- 时,必须先注入过量的硝酸银确保 I^- 沉淀完全,稍等片刻再加入指示剂,否则指示剂中的 Fe^{3+} 与 I^- 发生氧化还原反应,会严重影响滴定结果的准确性。

$$2Fe^{3+} + 2I^- \Leftrightarrow 2Fe^{2+} + I_2$$

在检测卤素 Cl^- 时,加入过量的硝酸银标准溶液充分摇匀,等待 $AgCl$ 完全沉淀后将沉淀物过滤,然后再滴定滤液。因为 $AgCl$ 的溶解度大于 $AgSCN$,从而出现以下副反应:

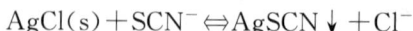

$$AgCl(s) + SCN^- \Leftrightarrow AgSCN \downarrow + Cl^-$$

这个副反应会将 $AgCl$ 转化为 $AgSCN$,给沉淀滴定过程带来误差。

佛尔哈德法的滴定条件如下:

(1)指示剂的用量:在滴定实验中,只有$[Fe(SCN)]^{2+}$的浓度不低于 6.0×10^{-6} mol/L 才能观察到红色现象。按照溶度积的公式推算出液体中 Fe^{3+} 的浓度不小于 0.03 mol/L。但事实上,当 Fe^{3+} 离子浓度过高时会形成深黄色溶液,反而影响对滴定终点的观察,因此 Fe^{3+} 的浓度推荐为 0.015 mol/L。

(2)溶液的酸度:与莫尔法相反,佛尔哈德法要求溶液体系为酸性,H^+ 浓度在 $0.1\sim1$ mol/L 之间较为适合,以免指示剂中的 Fe^{3+} 发生水解。在酸性溶液中滴定,也能避免许多其他离子的干扰,所以佛尔哈德法的适用范围较广泛。除了卤素离子,该佛尔哈德法还能测定 PO_4^{3-} 和 AsO_4^{3-},以及有机氯杀虫剂如六六六和滴滴涕等。

任务 实施

生理盐水中氯化钠含量的测定

[实验目标]

(1)学习银量法滴定氯离子的原理和方法。

(2)掌握莫尔法的实际应用。

(3)掌握空白实验的方法及意义。

[实验原理]

对某些可溶性氯化物中氯含量的测定,大多数时候使用莫尔法。莫尔法要求在中性或弱碱性溶液中,以 K_2CrO_4 充当指示剂,$AgNO_3$ 为滴定剂进行滴定。由于待测试样中 Cl^- 浓度远远大于 CrO_4^{2-} 浓度,并且 $AgCl$ 的溶解度明显低于 Ag_2CrO_4 的溶解度,在滴定过程中优先析出 $AgCl$ 白色沉淀,直至滴定终点才会出现砖红色 Ag_2CrO_4 沉淀(氯化银白色沉淀中目测出现少量砖红色铬酸银沉淀使溶液变化为暗橙色)。其反应如下:

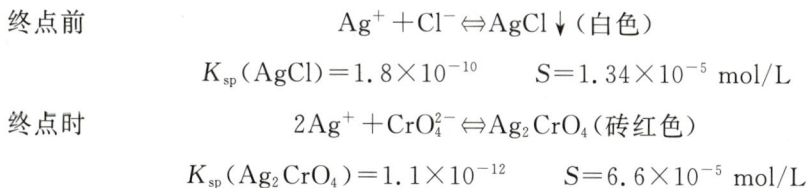

终点前　　　　　　　$Ag^+ + Cl^- \Leftrightarrow AgCl\downarrow$(白色)

$K_{sp}(AgCl) = 1.8 \times 10^{-10}$　　　$S = 1.34 \times 10^{-5}$ mol/L

终点时　　　　　　　$2Ag^+ + CrO_4^{2-} \Leftrightarrow Ag_2CrO_4$(砖红色)

$K_{sp}(Ag_2CrO_4) = 1.1 \times 10^{-12}$　　　$S = 6.6 \times 10^{-5}$ mol/L

[实验用品]

仪器:分析天平、坩埚、250 mL 锥形瓶、25 mL 移液管、50 mL 酸式滴定管。

试剂:$AgNO_3$(s,AR)、NaCl(s,AR)、5% K_2CrO_4 指示剂、生理盐水。

[实验步骤]

1. AgNO₃ 标准溶液的配制和标定

(1)0.05 mol/L AgNO₃ 标准液的配制。称取 8.5 g AgNO₃ 固体试剂,用除氯后的蒸馏水溶解后稀释至 1 000 mL,摇匀。将溶液转移至棕色试剂瓶中贮存备用。

(2)0.05 mol/L AgNO₃ 标准溶液的标定。将 NaCl 基准试剂在 500 ℃高温灼烧至恒重,准确称取 0.08 g 固体投于 250 mL 规格的锥形瓶中,先加入 50.00 mL 蒸馏水使 NaCl 溶解,再加入 1.00 mL 质量浓度为 5% 的 K_2CrO_4 指示剂并摇匀。使用 AgNO₃ 溶液滴定锥形瓶内的溶液,在充分摇动的前提下,锥形瓶内白色沉淀中出现橙色表明达到滴定终点。记录此刻 AgNO₃ 溶液的消耗量,计算 AgNO₃ 溶液的浓度。整个标定过程平行地测定 3 组,同时做空白实验。

2. 测定生理盐水中 NaCl 的含量

用蒸馏水将生理盐水精确地稀释 4 倍,使用移液器准确移取 25.00 mL 已稀释的生理盐水样品置于 250 mL 规格锥形瓶,加入 1.00 mL 质量浓度为 5% 的 K_2CrO_4 指示剂并摇匀。用 AgNO₃ 标准溶液滴定生理盐水样品,边摇边滴,直至锥形瓶内白色沉淀中出现暗橙色。根据滴定剂的消耗量计算 NaCl 含量。整个滴定过程平行地测定 3 组,并做空白实验对照。

[数据记录与处理]

基准试剂名称:_____;室温:_____℃。

将数据记录于表 3-9 和表 3-10 中。

表 3-9　数据记录 I

项目	测定次数		
	1	2	3
$m(NaCl)/g$			
$V(AgNO_3)/mL$			
$c(AgNO_3)/(mol \cdot L^{-1})$			
$\bar{c}(AgNO_3)/(mol \cdot L^{-1})$			

AgNO₃ 标准溶液浓度计算公式:

$$c(AgNO_3) = \frac{m(NaCl)}{M(NaCl)[V(AgNO_3) - V_{空白}]}$$

表 3 – 10　数据记录 Ⅱ

项目	测定次数		
	1	2	3
$V_{试样}/mL$			
$V(AgNO_3)/mL$			
$\rho(NaCl)/(g \cdot L^{-1})$			
$\bar{\rho}(NaCl)/(g \cdot L^{-1})$			

生理盐水中 NaCl 含量的计算公式：

$$\rho(NaCl)=\frac{c(AgNO_3)[V(AgNO_3)-V_{空白}]M(NaCl)}{V_{试样}}\times 4$$

［注意事项］

（1）标准溶液的配制方法。

（2）规范使用分析天平。

任务 评价

考核内容	分值	得分
实验前预习原理	10	
穿着实验服,正确佩戴护具	10	
硝酸银标准溶液的配制	20	
氯离子的滴定	20	
分析天平使用规范	20	
实验后数据处理	20	
总分	100	

思考 测试

1. K_2CrO_4 指示剂用量大小对 Cl^- 的测定有何影响?

2. 滴定液的酸度应控制在什么范围为宜?

3. 为什么莫尔法不能在酸性环境中进行?

仪器分析技术

模块导入

随着科学技术的不断进步,用于分析测试的各类仪器设备日趋完善,成为科学研究的有力支撑。仪器分析技术也逐渐成为材料理化分析的重要手段,在农业、工业、国防等领域大显身手。

通过本模块4个任务的学习和实训,我们将接触到紫外-可见分光光度计、火焰原子吸收分光光度计、激光粒度仪等先进仪器,了解设备的工作原理,掌握设备的操作流程,进而利用仪器分析技术获得材料的成分、结构及粒度尺寸等重要信息。

知识目标

(1)了解重量分析法的原理;

(2)了解光吸收定律的基本概念;

(3)了解粒度的概念及其测定方法。

能力目标

(1)学会使用重量分析法测试矿石的水化活性度;

(2)掌握紫外-可见分光光度计和火焰原子吸收分光光度计的使用方法;

(3)掌握激光粒度仪测试粒度的操作要领。

素质目标

(1)灵活运用仪器设备获得检测数据,增强实践能力;

(2)了解分析技术的智能化发展趋势,培养终身学习的意识。

▶ 任务 1　重量分析方法

任务描述

所谓重量分析方法,就是使试样中的被测组分以气体或沉淀形式和其他组分分离来求得其含量的方法。熟练掌握重量分析方法,对精确测定物质成分,开展进一步实验具有重要意义。

本任务我们将学习样品的烘干、灼烧、称量,掌握气化法的使用,了解恒重的概念和操作方法,并最终完成对煅烧白云石样品的重量分析实验。

知识准备

一、重量分析法常用器皿

1. 干燥器

干燥器在重量分析测试中扮演着至关重要的角色。它的主要作用是确保测试过程中使用的物品或样品处于干燥状态,以消除水分对测试结果的影响。如图 4-1 所示,带孔的圆板将干燥器分为上、下两个隔层,上方放置需要干燥的物品,下方填充干燥剂。干燥剂不宜过多,约占下层的一半即可。由于各种不同的干燥剂具有不同的蒸气压,因此常根据被干燥物的要求加以选择。常用的干燥剂有硅胶、CaO 等。干燥器带有磨口的玻璃盖子,为了使干燥器密闭,需在盖子磨口处均匀地涂一层凡士林。干燥器使用时需要特别注意:启盖时,左手扶住干燥器,右手握住盖上的圆柄,向前平推开器盖,不可垂直提起。

图 4-1　干燥器

经高温灼烧后的坩埚,必须放在干燥器中冷却至适宜温度才能称量。若直接放在空气中冷却,则会吸收空气中的水汽而影响称量结果。当高温坩埚放入干燥器后,不能立即盖紧盖子,因为干燥器中的空气因高温而剧烈膨胀,会推动盖紧的干燥器盖;另外,当干燥器中的空气从高温降至室温后,压力大大降低,内部负压导致盖子很难开启。即使打开了,外界气流的冲入会将被测物吹散,导致分析失败。因此,正确的操作是,将热坩埚放入干燥器后,先盖上盖子,再慢慢地推开盖子,放出热空气。这样重复数次,直至听不到"嘶""嘶"的气流声后,闭合干燥器盖子,冷却到室温。

2.瓷坩埚与坩埚钳

坩埚是用来高温灼烧的器皿,称量分析常用 30 mL 的瓷坩埚来灼烧沉淀。为了便于识别,常用钴盐(如 $CoCl_2$)或铁盐($FeCl_3$)的溶液在坩埚上写上号码,烘干灼烧后即留下永不褪色的字迹。

用滤纸过滤的沉淀,需在瓷坩埚中灼烧至恒重。因此要准备好已知质量的干净空坩埚,将坩埚放入马弗炉中,在预定温度中(800～1 000 ℃)灼烧。第一次灼烧约 30 min,取出稍冷后,再转入干燥器中冷却至室温称量。第二次再灼烧 15～20 min,稍冷后,再转入干燥器中冷却至室温再称量。前后两次称量之差小于 0.2 mg,即认为达到恒重。

坩埚钳通常由铁或铜合金制成,为了防腐蚀,表面镀有镍或铬,专门用于夹持加热的坩埚和坩埚盖。在实验过程中,无论是清洗后的坩埚、灼烧还是称量,都不可直接用手拿取,必须使用坩埚钳。使用坩埚钳前需检查钳尖是否洁净,若发现沾污,须用细砂纸打磨处理。夹取灼热坩埚时,钳子须预热,以免温差过大。此外,使用后应将坩埚钳的钳尖朝上平放于台面,防止污染钳尖。

二、重量分析法常用电加热设备

1. 电热干燥箱

对于不能和滤纸一起灼烧的样品,以及不能在高温下灼烧,需以一定温度烘干后再称量的样品,可用已恒重的微孔玻璃坩埚过滤后,置于电热干燥箱中在一定温度下烘干。实验室中常用的电热鼓风干燥箱可控温 50～300 ℃,在此范围内可任意选定温度,箱内的自动控制系统使温度恒定。

使用电热干燥箱时应注意以下事项:

①为保证安全操作,通电前必须检查是否有断路、短路,箱体接地是否良好。

②箱顶排气阀上孔插入温度计,旋开排气阀,接上电源。

③接通电源后即可开启选温开关,再将调节器控温旋钮顺时针方向旋至最高点,此时箱内开始升温,指示灯亮(绿)。

④当温度升到所需温度时,指示灯变为红色。

⑤升温时即可开启鼓风机,鼓风机可连续使用。

⑥易燃易爆、易挥发及有腐蚀性或有毒的物品禁止放入干燥箱内。

⑦当停止使用时,应切断外电源以保证安全。

2. 马弗炉

马弗炉(高温电炉)常用于陶瓷烧结及有机物的灰化、炭化,如图 4-2 所示。在重量分析法中用马弗炉灼烧坩埚和沉淀反应产物,以及熔融某些试样,其温度最高可达 1 100～1 200 ℃。实验室中常用的温度范围为 300～1 100 ℃。

图 4-2　马弗炉

使用马弗炉应注意以下事项:

①为保证安全操作,通电前应检查导线及接头是否良好,电炉与控制器接地必须可靠。

②检查炉膛是否洁净和有无破损。

③欲进行灼烧的物质(包括金属及矿物)必须置于完好的坩埚或瓷皿内,用长坩埚钳送入(或取出);样品应尽量放在炉膛中间位置,切勿触及热电偶,以免将其折断。

④含有酸性、硫性挥发物质或为强烈氧化剂的化学药品应预先处理(用煤气灯或电炉预先灼烧),待其中挥发物彻底排出后,才能转移到马弗炉内加热。

⑤在加热过程中,切勿打开炉门;电炉使用中切勿超过最高温度,以免烧毁电热棒。

⑥灼烧完毕,切断电源后,不能立即打开炉门。待温度降低后才能打开炉门,取出灼烧样品,放入干燥器内冷至室温。

⑦长期搁置未使用的高温电炉,在使用前必须检查电路并进行一次烘干处理。

三、烘干和灼烧

试样的烘干和灼烧是重量分析法实验过程中的重要操作步骤。通常在 250 ℃ 以下的热处理叫烘干,250 ℃ 以上至 1 200 ℃ 的热处理叫灼烧。烘干的目的是除去样品中的水分,以免在灼烧时因冷热不均而使坩埚破裂。灼烧的目的是去除样品中容易分解的有机残留或其他物质,获得目标产物,将样品变成符合要求的称量状态。常见样品所需灼烧的温度及时间可参考表 4-1。

表 4-1　常见样品灼烧要求的温度和时间

灼烧前的物质	灼烧后的物质	灼烧温度/℃	灼烧时间/min
$BaSO_4$	$BaSO_4$	800～900	10～20
CaC_2O_4	CaO	600	灼烧至恒重
$Fe(OH)_3$	Fe_2O_3	800～1 000	10～15
$MgNH_4PO_4$	$Mg_2P_2O_7$	1 000～1 100	20～25
$SiO_2 \cdot xH_2O$	SiO_2	1 000～1 200	20～30

在理化分析实验中,分析沉淀物质时,待测样品需要连同滤纸一起灼烧。在灼烧前必须进行炭化和灰化处理。待滤纸和沉淀干燥后,继续加热使滤纸炭化。该过程需要谨慎控制温度,防止滤纸着火燃烧导致沉淀物微粒飞散;若滤纸不慎着火,应立即盖上坩埚盖使火焰自行熄灭。炭化完成后,升高温度,并用坩埚钳不断转动坩埚,使滤纸充分灰化(即碳素燃烧生成二氧化碳而除去),直至滤纸不再呈黑色。最后,将灰化完全的沉淀连同坩埚一起移至马弗炉中进行灼烧。

将灼烧好的坩埚移到石棉板上,冷却到红热消退,温度适宜时,再把它放入干燥器中,送至天平室,冷却 15～20 min,待与天平室温度相同时取出称量。在干燥器中冷却的初期,应推动干燥器盖打开几次调节气压,以防干燥器内气温升高而冲开干燥器盖,也防止坩埚冷却后,形成负压导致干燥器盖子打不开。

知识延伸

在古代诗词史上,哲理诗是一颗颗光芒四射的明珠,它们不仅有很高的艺术审美价值,还具有很深的思想认识价值。在某种程度上,哲理诗既是古人智慧的结晶,是历史经验的总结,更是社会生活的反映。下面这首诗出自唐代诗人白居易之手,是白居易贬官途中创作的组诗作品《放言五首》中的第三首。

赠君一法决狐疑,不用钻龟与祝蓍。

试玉要烧三日满,辨材须待七年期。

周公恐惧流言日,王莽谦恭未篡时。

向使当初身便死,一生真伪复谁知?

在这首诗中,白居易用通俗的语言向世人说明了一个道理:如果想要对某件事或某个人有一个全面的认识,那就必须要经受时间的考验,绝不能凭借一时的表象去下结论。古有钟山之玉烧三日不变色的说法,古人常以钟山玉比喻君子之容,称颂人品质美好。

任务实施

煅烧白云石水化活性度的测定

[实验目的]

(1)掌握重量分析法测定煅烧白云石水化活性度的方法。

(2)掌握恒重的概念及电子天平的称量操作。

[实验原理]

皮江法炼镁以白云石为原料,经过煅烧后的产物称为煅白(煅烧白云石),其主要成分是 $MgO \cdot CaO$。煅白品质直接影响到金属镁的产量,而衡量煅白品质的重要指标有煅白的灼减量及水化活性度。煅白的水化活性度描述了煅白的吸水能力,硅热法炼镁使用的煅白,其水化活性度一般以 $30\% \sim 35\%$ 为宜。如果煅烧温度过高或过低,则煅白的水化活性度较低。本实验中,我们采用重量分析法测定煅烧白云石的水化活性度,通过加热使试样中挥发性的水分逸出后,根据试样前后质量变化计算水化活性度。

[实验用品]

电子天平、耐热玻璃烧杯、量筒、称量瓶、电热干燥箱、煅白试样、蒸馏水。

[实验步骤]

(1)取煅白若干,冷却至室温,捣碎,直到粉末绵密、无明显颗粒感即可。

(2)量取 5 mL 蒸馏水。

(3)取煅白粉末 3 ± 0.0002 g,记为 m_1,放入耐热玻璃烧杯中。一边摇晃,一边少量多次加入蒸馏水,直至混合均匀。

(4)将混合均匀的样品连同烧杯放入 150 ℃的马弗炉中保温 1 h 后取出,放入干燥器中冷却至室温称量,再烘一次,冷却、称量,重复进行直至恒重,称量结果记为 m_2。

[数据记录与处理]

实验数据记录于表 4-2 中。

表 4-2　煅烧白云石水化活性度数据

记录项目	测定次数	
	1	2
空称量瓶质量/g		
(烘干前)称量瓶＋原始煅白质量/g		
原始煅白质量 m_1/g		
(烘干后)称量瓶＋烘干煅白质量/g		
烘干煅白质量 m_2/g		
水化活性度/%		

注:水化活性度(%)＝$(m_2-m_1)\div m_1\times100\%$。

[注意事项]

(1)电热干燥箱和电子天平的使用方法。

(2)正确进行干燥、冷却、称量等处理。

任务 评价

考核内容	分值	得分
认识干燥皿、瓷坩埚和坩埚钳	20	
认识电热干燥箱和高温电炉	20	
实验中正确进行干燥处理	20	
正确进行试样的冷却、称量	20	
数据记录和计算	20	
总分	100	

思考 测试

1. 在称量分析中何谓恒重？应如何进行恒重？

2. 称试样的称量瓶为什么要事先烘干至恒重？

3. 为什么要在 150 ℃烘干？温度过高、过低会造成什么影响？

▶ 任务 2 紫外-可见分光光度法

任务 描述

　　紫外-可见分光光度法的理论依据是物质分子对紫外光-可见光波段内不同波长的单色光的吸收程度不同,可用于对物质进行定性分析和定量分析的方法。我们可以通过在相应的波长范围内测定物质的吸光度,用于物质的鉴别、杂质检查和定量测定。例如,《镁及镁合金化学分析方法》(GB/T 13748.9—2013)第九部分就规定了使用邻二氮杂菲分光光度法测定镁及镁合金的铁含量。

　　通过本任务的学习,我们将了解光吸收的科学定律,熟悉常用的分光光度计的结构及工作原理,并掌握光吸收曲线的绘制和最大吸收波长的求解。

知识 准备

一、光的基本性质

　　光本质上是一种电磁辐射(也称电磁波),既有波动性也有粒子性,它可以在真空中传播,不需要任何介质。人们通常用波长 λ(单位 nm)或频率 ν(单位 Hz)来描述不同种类的光。在广阔的电磁波谱中,人眼只能够感知 400~780 nm 的波长范围,这一部分称为可见光。比可见光波长更短的电磁波(200~400 nm 波段)被称为紫外光。不同波长的可见光会刺激人眼产生不同的颜色感觉,但由于人眼视觉分辨能力的限制,实际感受到的颜色是由一定波段的光共同作用的结果。

　　光可分为单色光和复合光:单色光(如红、橙、黄、绿等)是指单一波长的光,而复合光(如白光)则是由不同波长的单色光混合而成的。实际上,我们日常所见的光大多属于复合光,而单色光只是一个相对概念,绝对的单色光并不存在。当一束复合光通过棱镜、光栅等元件时,会发生色散现象,被分解成不同颜色的单色光,如白光可分散为红、橙、黄、绿、青、蓝、紫等光谱。相反地,将这些颜色的单色光按恰当的比例组合,也能重新合成白光,照明使用的白光 LED 就是利用这个原理工作的。实验表明,某些特定颜色的光(如黄光与蓝光)按一定比例混合后也可形成白光,这种现象称为光的互补性,成对的单色光称为互补色光,如图 4-3 所示。当固体或液体样品选择性地吸收掉白光中的某种光时,人眼所见的颜色即为被吸收色光的互补色。例如,玻璃吸收红光呈现青色,某溶液吸收紫光呈现黄绿色;若全部光都被吸收,则呈黑色;若任何光均未被吸收,则呈白色。

图 4-3 光的互补性

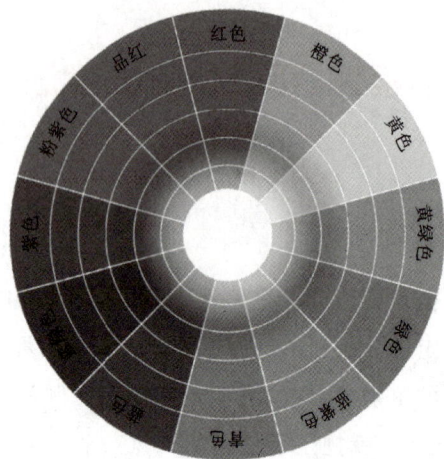

二、光吸收定律

1. 吸光度的定义

当一束平行的单色光垂直照射一定浓度的透明均质溶液时,如图 4-4 所示,有一部分光被溶液吸收,一部分光透过比色皿,还有一部分光被比色皿表面反射回去(对于表面光滑的比色皿,反射的部分很少,可以忽略不计,因此我们可以只讨论光的吸收与透过部分)。图中 Φ_0 为入射光通量,Φ_{tr} 为通过溶液后的透射光通量。其中,光通量是指单位时间内通过单位面积的光线数量。

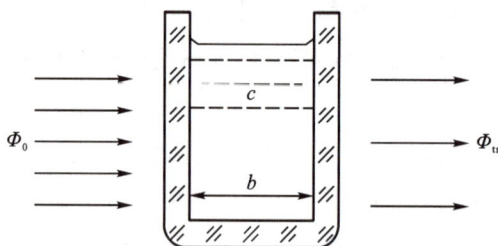

图 4-4 单色光通过溶液的吸收池

透射光通量与入射光通量的比值 Φ_{tr}/Φ_0 表示溶液对光的透射程度,称为透射比,用符号 τ 表示。透射比越大,说明透过的光越多。而 Φ_0/Φ_{tr} 是透射比 τ 的倒数,入射光 Φ_0 一定时,透射光通量 Φ_{tr} 越小,$\lg(\Phi_0/\Phi_{tr})$ 越大,光吸收越多,因此用 $\lg(\Phi_0/\Phi_{tr})$ 表示单色光通过溶液时被吸收的程度,称为吸光度,用 A 表示,

$$A=\lg\frac{\Phi_0}{\Phi_{tr}}=\lg\frac{1}{\tau}=-\lg\tau$$

2. 朗伯定律

在图 4 - 4 所示的实验中,1760 年科学家朗伯发现,如果不断地改变溶液液层的厚度而保持入射光通量及其他条件不变,那么吸光度 A 的值与溶液液层的厚度 b 成正比,称为朗伯定律,即

$$A = K \cdot b$$

式中,b——溶液液层厚度,cm;

K——比例系数,它与入射光波长、溶液的浓度和温度等有关。

3. 比尔定律

在图 4 - 4 所示的实验中,1852 年科学家比尔发现,如果保持入射光通量及溶液液层厚度等其他条件不变,而不断地改变溶液的浓度,那么吸光度 A 的值与溶液的浓度 c 成正比,称为比尔定律,即

$$A = K' \cdot c$$

式中,K'——比例系数,它与入射光波长、液层厚度和温度等有关;

c——溶液浓度,mol/L。

必须强调的是:比尔定律只在一定浓度范围内适用,一般适用于溶质含量小于 0.01 mol/L 的稀溶液。当溶液浓度过高时,被测溶液中的溶质会发生电离或聚合而带来误差。

4. 朗伯-比尔定律

当入射光通量保持不变,而液层厚度和溶液浓度均为变量时,可以将朗伯定律和比尔定律联系起来形成一个新的定律,即当某一入射光通量恒定的平行单色光垂直地通过透明的均质溶液时,溶液的吸光度 A 与溶液浓度 c 及液层厚度 b 的乘积成正比,

$$A = K \cdot b \cdot c$$

式中,K——吸光系数,它与入射光波长、溶液性质和温度等相关;

b——溶液液层(吸收层)厚度;

c——溶液浓度。

上式称为朗伯-比尔定律,也称为光吸收定律,是紫外-可见分光光度法进行定量分析的理论依据。

朗伯-比尔定律不仅适用于紫外、可见波段,也适用于红外波段;不仅适用于均匀非散射的液态样品,也适用于均匀吸收光的固态或气态样品。

应用光吸收定律时必须满足三个条件:

①入射光必须为单色光;

②被测溶液必须为稀溶液;

③被测样品必须是均匀介质,在吸收过程中物质成分不发生变化。

如果不符合上述条件,测试结果可能会出现偏离。

根据朗伯-比尔定律,对于厚度一定的溶液,用吸光度对溶液浓度作图,理论上能够绘出一条通过原点的直线,即二者之间应呈线性关系,如图 4-5 所示。但在实际中,吸光度与浓度关系有时是非线性的,或者作出的曲线不通过零点,这种现象称为偏离光吸收定律,或偏离朗伯-比尔定律。

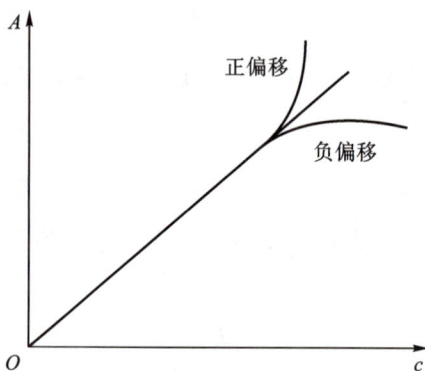

图 4-5　偏离光吸收定律

三、吸光系数

在朗伯-比尔定律的表达式中,比例系数 K 称作吸光系数,它的物理意义是单位浓度的溶液,在液层厚度 1 cm 条件下测得的溶液吸光度。显然,K 值的大小不仅取决于溶液中吸光物质的性质,还与入射光波长、溶液的温度等因素相关。

K 值大小与溶液浓度的计量方式相关。

1. 摩尔吸光系数

如果溶液浓度的计量方式采用物质的量浓度(mol/L)、液层厚度以 cm 为单位时,对应的比例系数值称为摩尔吸光系数,以 ε 表示,单位为 L/(mol·cm)。这样朗伯-比尔定律的表达式可以改成

$$A = \varepsilon \cdot b \cdot c$$

摩尔吸光系数是衡量物质光吸收能力的重要指标,某个波长下的摩尔吸光系数越大,表明物质对该波长的光吸收能力越强,光吸收数据测定的灵敏度也就越高。在理化性质分析实验中,为了提高分光光度法的灵敏度,通常采用有色化合物进行测定,并选取化合物在摩尔吸光系数最大处的波长作为入射光。一般情况下,$\varepsilon < 1 \times 10^4$ L/(mol·cm)时灵敏度较低;ε 在 $1 \times 10^4 \sim 5 \times 10^4$ L/(mol·cm)范围属中等灵敏度;$\varepsilon > 5 \times 10^4$ L/(mol·cm)时属高灵敏度。

2. 质量吸光系数

在朗伯-比尔定律的数学表达式中,当溶液浓度的计量方式采用质量浓度(g/L)、液层厚度以 cm 为单位时,相应的比例系数称为质量吸光系数,以 α 表示,单位为 L/(g·cm)。质量吸光系数适用于摩尔质量未知的化合物。

四、吸收光谱曲线

当光通过均匀的溶液时,通过入射光与透射光的光通量可以测量该溶液的吸光度 A。由于物质分子对光的吸收具有波长选择性,依次以不同波长的单色光作为入射光,测定它们经过溶液后的吸光度,然后以每个波长 λ 为横坐标,相应的吸光度 A 为纵坐标作图,便可以绘制出该溶液的吸收光谱曲线,即 A-λ 曲线。吸收光谱曲线直观地描述了溶液中物质对不同波长光的吸收差别,是物质的光学特征性曲线,能够作为物质鉴定的定性分析依据。不同分子结构的物质,吸收光谱曲线和吸收峰位有所区别,如图 4-6 所示。

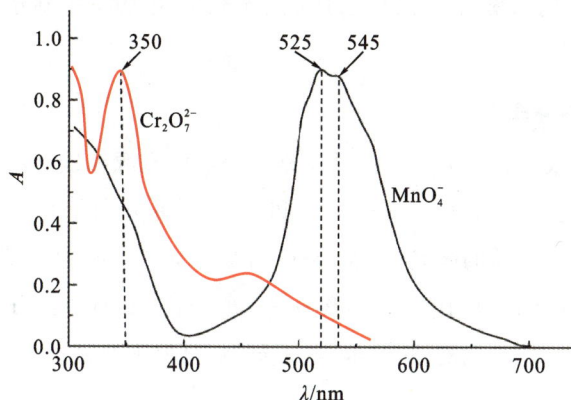

图 4-6　不同物质的吸收光谱曲线

吸收光谱曲线中的吸收峰代表此处的光吸收程度最大,横坐标对应为最大吸收波长(λ_{max})。使用分光光度法测定某物质时,通常都会选用该物质的最大吸收波长来进行测量,从而获得最高的灵敏度。对于同一种物质而言,不同浓度条件下测试的吸收光谱曲线具有相似的形状。图 4-7 描绘了不同浓度高锰酸钾(KMnO$_4$)溶液的三条吸收光谱曲线,可以看出它们的吸收光谱曲线形状相似,且最大吸收波长的位置也相同,区别在于吸收峰的峰高(即 λ_{max} 处的吸光度)随浓度的增加而变大。

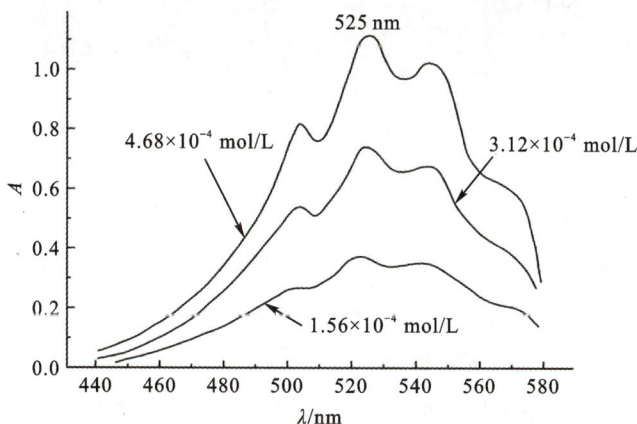

图 4-7　不同浓度的高锰酸钾溶液吸收光谱曲线

五、比色法与分光光度计

1.比色法

比色法是一种通过比较或测量有色物质的溶液颜色深浅来确定待测组分含量的方法。基于朗伯—比尔定律,当一束平行单色光通过均匀的有色溶液时,溶液的吸光度与其中所含吸光物质的浓度及溶液的液层厚度成正比。通过测量已知浓度的标准溶液和未知样品溶液的吸光度,利用标准曲线法或其他定量方法,就可以计算出未知样品溶液中待测物质的浓度。

比色法分为目视比色法和光电比色法(如分光光度法等),其中分光光度法更加精确和常用。

2.分光光度计的基本组成

分光光度法所用的仪器称为分光光度计。根据仪器中光源和检测器的工作波段,分光光度计可分为两种:可见分光光度计(400~780 nm)和紫外-可见分光光度计(200~800 nm)。可见分光光度计只能测量有色物质的吸光度,而紫外-可见分光光度计除了能测量有色物质的吸光度外,还能测量只吸收紫外光的无色物质。图4-8展示了一台标准的分光光度计设备,它主要由五个核心部件组成:光源、单色器、吸收池、检测器、信号处理及显示系统。

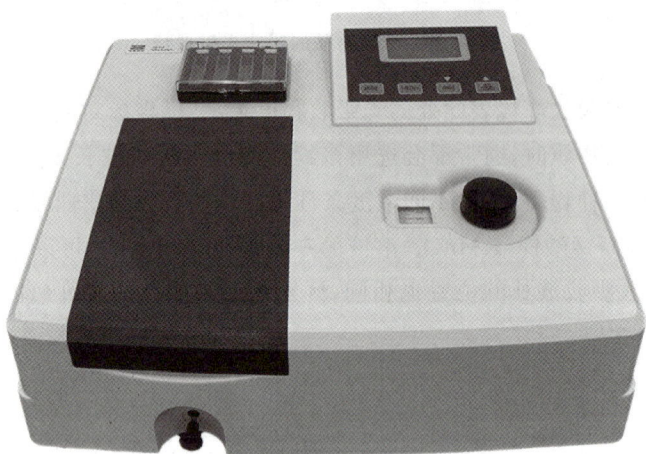

图 4-8　分光光度计

(1)光源:仪器中光源的用途是提供符合测试要求的入射光。理想的光源应具备以下特点:能够发射仪器工作波段内的连续光谱辐射光,具有足够的辐射强度、良好的稳定性及较长的使用寿命。在可见分光光度计中,通常采用钨灯或卤钨灯作为光源,其有效工作波长范围为350~1000 nm,能够满足有色物质吸收光谱的测试需求。

(2)单色器:单色器利用色散原理把光源辐射的白光分解成单色光,并能够精确迅速地输出所需任一波长的单色光。

（3）吸收池：吸收池又称比色皿，用于盛放待测溶液，一般有石英池和玻璃池两种，可见分光光度计中使用的是玻璃池。可见分光光度计常用的规格有 0.5、1、2、3 cm 等，如图 4-9 所示。由于吸收池材料本身的吸光特征及吸收池的光程长度等对分析结果都有影响，因此在实际使用时应根据需要来选择吸收池。使用吸收池时必须注意以下几点：

①吸收池有磨砂面和光学面，拿取吸收池时，只能用手指接触两侧的磨砂面，严禁接触光学面。

②盛装待测溶液的量为吸收池高度的 2/3～3/4，如光学面沾有残液，可用滤纸先吸附，再用擦镜纸擦拭干净。

③含有腐蚀玻璃的物质溶液（如 F^-、$SnCl_2$、H_3PO_4 等）不能长期盛放在吸收池中。

④使用后及时冲洗干净，有色污染物残留可用 3 mol/L 盐酸和等体积乙醇的混合液浸泡洗涤。

⑤使用后只能晾干，严禁加热吸收池。

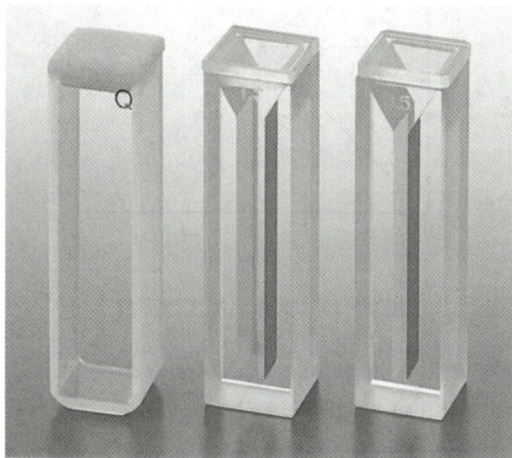

图 4-9 不同规格的吸收池

（4）检测器：检测器接收光辐射信号，测量单色光透过溶液后光强度的变化，并将光信号转换为相应的电信号，所以也称为接收器。常用的检测器有光电二极管和光电倍增管等。光电倍增管是检测微弱光最常用的光电元件，是目前高、中档分光光度计中配备的检测器，它的灵敏度比一般的光电二极管要高数百倍，由于其灵敏度高，因此必须在完全屏蔽杂散光的环境中工作，并应避免强光连续照射，以免损坏。

（5）信号处理及显示系统：检测器输出的各种电信号经放大等处理后由信号处理及显示系统记录并显示出来。

六、单组分定量分析

定量分析是分光光度法的重要应用，其理论基础是朗伯-比尔定律，尤其是比尔定律。定量方法包括单组分定量方法、多组分定量方法，示差分光光度法、双波长分光光度法及导数分光光度法等。下面介绍常见的单组分定量方法。

1. 工作曲线法

工作曲线法是理化性质分析实验中常用的一种方法,也叫标准曲线法。该方法具体包括以下三个关键环节:标准溶液及未知样品的配制,吸光度的测量及标准曲线的绘制,未知样品浓度的计算。

在配制标准溶液系列时,需要制备至少 4 份浓度比例适当的标准溶液(通常控制各份溶液的吸光度在 0.2~0.8 范围内),以空白溶液(或直接使用溶剂)作为参比样品,测定标准系列的吸光度。记录吸光度测定数据并以浓度为横坐标、吸光度为纵坐标绘制工作曲线(A-c 曲线),如图 4-10 所示。

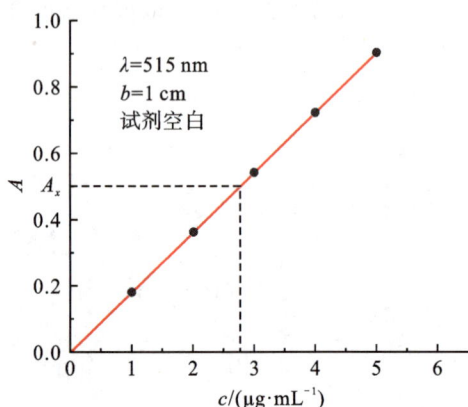

图 4-10 某样品的工作曲线

在测定未知样品时,需采用与标准溶液相同的方法制备未知样品的溶液,并在相同条件下测定其吸光度(A_x),然后通过工作曲线确定未知样品的浓度(ρ_x)。为确保测量的准确性,未知样品的吸光度应控制在工作曲线的范围内(以中部位置为最佳),且工作曲线需定期校准,尤其是实验条件发生改变(如更换标准溶液、仪器维修或更换光源等)时必须重新绘制。为便于使用和避免差错,工作曲线应标注必要信息,包括曲线名称、标准溶液名称及浓度、测量条件等关键内容。

使用工作曲线法进行分析时,有时受到各种因素的干扰,测出的各个点可能不完全落在同一条直线上,这时可以用一条校准曲线来反映吸光度与物质浓度之间的定量关系,这条校准曲线叫作回归直线,它的数学表达式称为直线回归方程:

$$y = a + bx$$

式中,a,b——回归系数。

其中 a 为直线的截距,b 为直线的斜率,

$$b = \frac{\sum_{i=1}^{n}(x_i - \overline{x})(y_i - \overline{y})}{\sum_{i=1}^{n}(x_i - \overline{x})^2}$$

标准曲线线性的好坏可用回归方程的线性相关系数 r 来评价，r 值越靠近 1，代表线性相关越好。一般要求 $r > 0.999$。相关系数 r 可用下式计算：

$$r = b\sqrt{\dfrac{\displaystyle\sum_{i=1}^{n}(x_i - \overline{x})^2}{\displaystyle\sum_{i=1}^{n}(y_i - \overline{y})^2}}$$

2. 比较法

比较法也叫作标准对照法，具体操作步骤如下：

①配制一份已知浓度的标准溶液（其浓度记作 c_s），在一定条件下测出标准溶液的吸光度（记作 A_s）；

②在相同条件下测试未知样品（c_x）的吸光度（A_x）。

假设未知样品与标准溶液完全符合朗伯-比尔定律，那么

$$c_x = \dfrac{A_x}{A_s}c_s$$

比较法主要适用于个别样品的测定。使用比较法要求未知样品与标准溶液的浓度相近，并且都符合光吸收定律。

知识 延伸

本生灯与光谱分析法

本生是在化学史上具有划时代意义的化学家之一，他和基尔霍夫发明的光谱分析法，被称为"化学家的神奇眼睛"。罗伯特·威廉·本生（Robert Wilhelm Bunsen，1811—1899），德国化学家。他在海德堡大学任教时，设计了利用煤气加热的装置，后来，本生的助手迪斯德加（Peter Desdega）进行了改进，发明了本生灯。本生灯的最高温度超过 1 000 ℃，且火焰没有颜色。不同成分的化学物质，在本生灯上灼烧时，出现不同的焰色，这一点引起本生极大的注意，成了他随后建立光谱分析的机遇。

任务 实施

邻二氮菲分光光度法测定铁含量

[实验目标]

(1) 学会应用吸收光谱曲线求得最大吸收波长 λ_{max}。

(2) 学习分光光度法测定微量铁的原理和方法。

(3) 了解分光光度计的构造和使用方法。

[实验原理]

邻二氮菲(又称邻菲罗啉)是测定微量铁的一种较理想显色剂。1,10-邻二氮菲与 Fe^{2+} 在 pH 值为 2～9 的溶液体系中能生成稳定的橙红色配合物,反应如下:

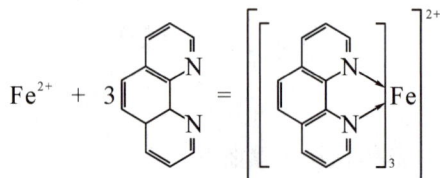

$$Fe^{2+} + 3 \quad \text{(邻二氮菲)} = \left[\text{(邻二氮菲)}_3 Fe \right]^{2+}$$

此配合物的 $\lg K = 21.3$,摩尔吸光系数 $\varepsilon = 1.1 \times 10^4$,最大吸收波长 $\lambda_{max} = 510$ nm。

Fe^{2+} 应预先用还原剂盐酸羟胺($NH_2OH \cdot HCl$)还原为 Fe^{2+},测定时注意控制溶液体系保持合适的酸度。如酸度过高(pH<2),则显色缓慢且颜色较浅;如酸度太低,则 Fe^{2+} 水解,影响显色效果。此法的优点是对铁元素的选择性很高,显色效应不受大多数其他金属离子的干扰。

[实验用品]

仪器:分光光度计,50 mL、100 mL 和 1 L 容量瓶,1 mL、2 mL 和 10 mL 吸量管,烧杯。

试剂:铁标准溶液($\rho_{铁} = 100$ $\mu g/mL$),0.15%(质量分数)邻二氮菲水溶液,10%(质量分数)盐酸羟胺水溶液,1 mol/L NaAc 溶液,含铁未知样品。

铁标准溶液配制方法:准确称取 0.863 4 g $NH_4Fe(SO_4)_2 \cdot 12H_2O$ 置于烧杯中,加入 20 mL 6 mol/L HCl 溶液和适量蒸馏水,溶解后转移至 1 L 容量瓶中,用蒸馏水洗涤烧杯两次,洗涤的含铁液体需转入 1 L 容量瓶。加蒸馏水定容后摇匀。另取一容量瓶,将 100 $\mu g/mL$ 的铁标准溶液精确地稀释 10 倍,得到 10 $\mu g/mL$ 的铁标准溶液备用。

[实验步骤]

1. 配制标准系列

用吸量管分别吸取 0.00、2.00、4.00、6.00、8.00、10.00 mL 新鲜配制的 10 $\mu g/mL$ 铁标准溶液于 6 支 50 mL 容量瓶中,再依次加入 10%盐酸羟胺溶液 1 mL,0.15%邻二氮菲溶液 2 mL,1 mol/L NaAc 溶液 5 mL,将 6 支容量瓶添加蒸馏水定容至刻度线并摇匀。

2. 绘制邻二氮菲-Fe^{2+} 吸收光谱曲线

用 1 cm 玻璃比色皿,以试剂空白为参比溶液,在 440～560 nm 波长范围内间隔测定吸光度,间隔周期为 10 nm,在最大吸收波长 510 nm 附近,每隔 5 nm 测定一次吸光度数据。

以波长 λ 为横坐标,吸光度 A 为纵坐标,绘制吸收光谱曲线。由吸收光谱的峰位选择测铁的适宜波长(一般选用最大吸收波长 λ_{max})。

3. 绘制邻二氮菲-Fe^{2+} 工作曲线

在所选定的波长下,用 1 cm 玻璃比色皿,以试剂空白为参比溶液,Fe^{2+} 浓度由小到大依次测定标准系列中每份溶液的吸光度 A。

以 50 mL 溶液中的含铁量(以 g/L 为单位)为横坐标,相应的吸光度为纵坐标,绘制邻二氮菲-Fe^{2+} 的工作曲线。

4.铁含量的测定

蹒准确移取 1.00 mL 含铁未知样品于 50 mL 容量瓶中,依次加入 10% 盐酸羟胺溶液 1 mL,0.15% 邻二氮菲溶液 2 mL 和 1 mol/L NaAc 溶液 5 mL,用蒸馏水稀释定容,摇匀。在所选定的波长下测该液体的吸光度。根据工作曲线查找相应的浓度,按照稀释比例折算未知样品中的铁含量(以 g/L 为计量单位)。

[数据记录与处理]

(1)绘制邻二氮菲-Fe^{2+} 吸收光谱曲线中相应的数据记录至表 4-3 中。

表 4-3　数据记录 I

分光光度计型号:＿＿＿＿＿＿　　　　　吸收池厚度:＿＿＿＿＿＿＿　　　＿＿＿年＿＿＿月＿＿＿日

波长 λ/nm	440	450	460	470	480	490	500	505
吸光度 A								
波长 λ/nm	510	515	520	530	540	550	560	
吸光度 A								

(2)绘制邻二氮菲-Fe^{2+} 工作曲线中相应的数据记录至表 4-4 中。

表 4-4　数据记录 II

分光光度计型号:＿＿＿＿＿＿　　　　　吸收池厚度:＿＿＿＿＿＿＿　　　＿＿＿年＿＿＿月＿＿＿日

项目	标准溶液					未知试液	
吸取溶液体积/mL							
Fe^{2+} 含量/(g·L^{-1})							
吸光度 A							

[注意事项]

(1)标准溶液的配置。

(2)曲线的绘制方法。

任务评价

考核内容	分值	得分
实验前预习原理	10	
穿着实验服,正确佩戴护具	10	
吸管与容量瓶的使用	20	
标准溶液配制	20	
分光光度计的使用操作	20	
实验后数据处理	20	
总分	100	

思考测试

1. 为什么绘制标准曲线和测定试样应在相同条件下进行?这里主要指哪些条件?

2. 如何控制被测溶液的吸光度值在适当范围内?

3. 在实验的各项操作中,哪些试剂的加入量要求准确,哪些则可不必?

▶ 任务 3　原子吸收光谱法

任务描述

在实验室中遇到某种材料,我们如何知道其中含有哪些金属元素? 这些元素的含量又大约是多少呢? 原子吸收光谱法能够帮助我们检测金属元素的含量。例如,《镁及镁合金化学分析方法》(GB/T 13748.17—2005)规定了使用火焰原子吸收光谱法测定镁及镁合金中的钾含量和钠含量。

通过本任务的学习,我们将掌握原子吸收光谱相关知识,学会操作原子吸收分光光度计等仪器,能根据给定测量任务完成实验,并深入理解相关的概念与原理。

知识准备

一、原子吸收光谱法的基本原理

1. 原子吸收光谱法分析过程

原子吸收光谱分析的主要环节如图 4-11 所示,由待测样品配制的溶液首先被雾化并与可燃气体混合,随后进入燃烧的火焰使样品中的被测元素在火焰中转化为原子蒸气。与此同时,锐线光源发射出的特征光谱通过原子蒸气时,其中一部分光被基态原子吸收,剩余的光透过火焰后经分光系统分光,再由检测器接收并产生电信号。电信号经过放大和处理后最终转换为吸光度或光谱图显示出来。

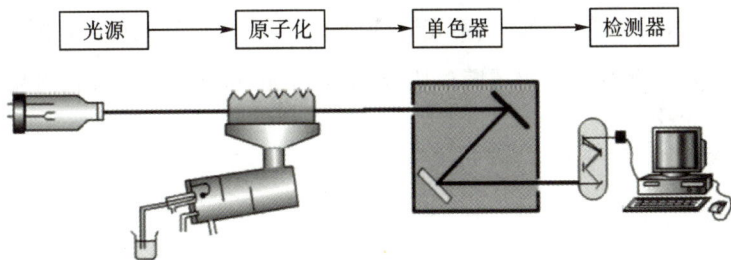

图 4-11　原子吸收分析流程示意

2. 原子吸收光谱的产生

由原子结构可知,原子的核外电子按能量高低分布在不同的能级上,使原子呈现出多种不同的能级状态。通常情况下,原子处于能量最低的稳定状态(基态),此时的原子称为基态原子。

当基态原子吸收外界某种形式的能量(如热能、光能等)后,外层电子会跃迁至更高能级形成激发态,如图 4-12 所示。激发态中能量最低的称为第一激发态,电子从基态跃迁至第一激发态时吸收特定能量产生的谱线称为共振吸收线;反之,当电子从第一激发态返回基态时,会发射相同频率的光辐射,形成共振发射线。这两种谱线统称为共振线,是原子光谱分析中的重要特征谱线。

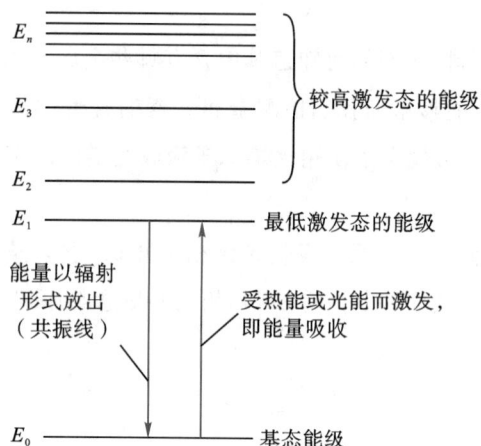

图 4-12　共振线的产生

显然,第一激发态与基态之间的电子跃迁所需的能量最低且发生的概率最高,其对应的共振线也具有最强的吸收强度,因此常常被选作分析线。由于不同金属元素的原子结构和外层电子排布情况存在差异,各个元素的共振线都像指纹一样具有独特特征,故被称为"特征谱线"。理论上原子吸收光谱应为线状光谱,但实际上原子发射或吸收的谱线并非严格的几何线,而是具有一定宽度的谱带,只是其谱线宽度相对较窄。

3. 原子吸光度与待测元素浓度的定量关系

如图 4-13 所示,设待测元素的入射光通量为 Φ_0,当垂直通过光程为 b 的基态原子蒸气时,入射光被试样中待测元素的基态原子蒸气吸收,光通量降低至 Φ_{tr},透射光的强度服从朗伯-比尔定律,

$$\frac{\Phi_0}{\Phi_{tr}} = e^{-k_0 b}$$

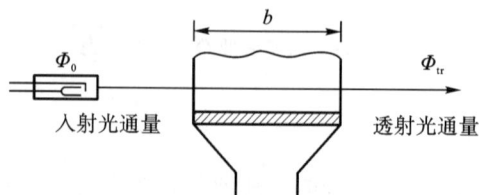

图 4-13　吸光度的测量

根据吸收定律 $A=\lg(\Phi_0/\Phi_{tr})$，有 $A=\lg e^{k_0 b}$。由于 k_0 的值与基态原子个数成正比，而基态原子个数又和样品中待测元素浓度成正比，令 $\lg e^{k_0}=Kc$，K 为常数，则

$$A=Kbc$$

上式表明，当入射光通量及其他实验条件不变时，基态原子蒸气的吸光度与样品中待测元素的浓度及光程（在火焰法中为燃烧器的缝长）的乘积成正比。火焰法中 b 为固定值，因此上式又可写为

$$A=K'c$$

K' 为常数，说明吸光度值只与样品中待测元素的浓度成正比，这是原子吸收光谱法定量检测元素含量的理论依据。

二、火焰原子吸收分光光度计

1. 火焰原子吸收分光光度计的结构和原理

火焰原子吸收分光光度计包括四个主要部件，光源、火焰原子化器、单色器和检测系统，如图 4-14 所示。

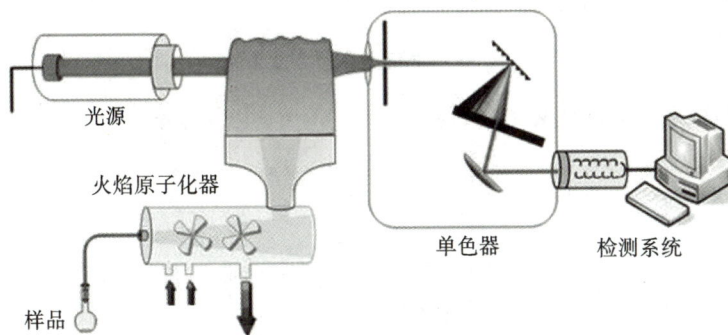

图 4-14　火焰原子吸收分光光度计

1) 光源

光源的核心功能是提供待测元素的基态原子能够吸收的特征谱线。为满足峰值吸收测量的要求，理想光源发射的谱线宽度必须窄于吸收线宽度，同时具备高强度、高稳定性、低背景辐射、低噪声及长使用寿命等优势。目前，空心阴极灯是原子吸收分光光度计中最常用的光源，此外，在特定情况下也会选用蒸气放电灯和无极放电灯作为补充光源。

空心阴极灯（元素灯）是一种锐线光源，其核心结构由钨棒阳极（常镶有钛丝或钽片）和空心筒状阴极（由待测元素单质或其合金制成）构成。阴阳电极密封于充有低压惰性气体的玻璃管内，玻璃管设有光学窗口。工作时，高压电场驱动惰性气体的阳离子轰击阴极，激发阴极材料发射出高纯度的特征锐线光谱。为确保光源仅输出窄频锐线，阴极材料必须采用高纯度的金属原料。

空心阴极灯可根据阴极的选材制作成单元素灯或多元素灯。单元素灯以特定金属元素的单质为阴极材料,并以该元素命名(如镁空心阴极灯),其发射谱线纯度高、强度大且干扰少,但缺点是每测定一种元素就必须更换对应的灯。多元素灯采用合金阴极,可同时发射多种元素的特征谱线,实现较为连续的多元素测定。虽然减少了换灯操作,但其发射强度较弱,若合金配比不当容易造成光谱干扰,因此在实际应用中仍未普及。

2)火焰原子化器

试样的"原子化"过程指的是将试样中待测元素变成气态的基态原子,该过程是原子吸收光谱分析中的重要环节。原子化系统是实现原子化的装置,在原子吸收分光光度计中至关重要,它的工作性能直接影响到分析测定的灵敏度,并且决定了原子吸收光谱测量的准确度和重现性。

当前有三种能够实现原子化的途径:火焰原子化法、非火焰原子化法和低温原子化法。其中,火焰原子化法是应用最普遍的途径,它包括两个主要阶段:一是试样溶液的雾化阶段,将液体变成细小的雾滴;二是原子化阶段,让雾滴吸收火焰的能量产生基态原子。火焰原子化器内部的雾化器、预混合室和燃烧器三部分配合完成上述两个阶段,这里的燃烧器主要采用化学火焰,常用的火焰列于表 4-5 中。

表 4-5 常用火焰种类及用途

火焰种类	最高温度/K	用途
空气-煤气(丙烷)火焰	2 200	适用于分析易挥发、易解离的元素,如碱金属、Cd、Cu、Pb、Ag、Zn、Au、Hg 等
空气-乙炔火焰	2 600	用途最广的火焰,可用于测定 35 种以上的元素,但对于 Al、Ta、Ti、Zr 等不宜使用
N_2O-乙炔火焰	3 300	强还原性火焰,能用于测定 Al、B、Be、Ta、Ti、Zr、W、Si 等 70 种元素,需注意其安全性
空气-氢火焰	2 300	适用于测定易电离的金属元素,尤其是测定 As、Se 和 Sn 等元素,特别适用于共振线位于远紫外区的元素

火焰原子化法借助火焰的能量实现待测样品的原子化,这个复杂过程涉及雾滴的脱溶剂、蒸发,乃至解离等多个步骤。在理化性质分析实验中,需合理地选择火焰类型并根据实验需求优化燃气与助燃气的比例,最大限度地避免基态原子电离或生成化合物。

火焰原子化方法具有操作简便、复现性佳、光程大、对多数元素通用等优点;但也存在原子化效率偏低、灵敏度有限等缺点。另外,火焰原子化法难以直接分析固体样品。

3)单色器

单色器的功能是将待测元素的吸收线与相邻的其他谱线分开,由入射狭缝、出射狭缝和色

散元件(棱镜或光栅)组成。单色器的三个重要参数包括:

(1)线色散率(D):两条谱线的间距与波长差的比值 $\Delta X/\Delta\lambda$,实际工作中常用其倒数 $\Delta\lambda/\Delta X$ 表示,称为倒线色散率。

(2)分辨率:单色器分开相邻两条谱线的能力。用相邻谱线的平均波长与二者波长差的比值 $\lambda/\Delta\lambda$ 表示。

(3)通带宽度(W):通过单色器出射狭缝的某标称波长处的波长范围。当倒线色散率(D)固定时,可通过调整狭缝宽度(S)来确定。

$$光谱通带宽度=狭缝宽度(mm)\times倒线色散率(nm/mm)$$

在实际工作中,通常根据谱线结构和待测共振线邻近是否有干扰来选择适宜的狭缝宽度,由于不同型号设备的单色器的倒线色散率不同,因此不用具体的狭缝宽度,而用"单色器通带"表示缝宽。

4)检测系统

检测系统包含光电元件、放大器和显示装置等几部分,通常采用光电倍增管作为光电元件,将单色器分光后的微弱光信号转换为电学信号。由于光电倍增管输出的电学信号较微弱,需经过放大器将电学信号放大后送入显示器。利用特定的算法和计算机程序可以将电学信号经对数转换器转换成所需的吸光度信号,最终结果由数字显示器显示出来。

2. 火焰原子吸收光谱测定条件的选择

在进行原子吸收光谱分析时,为了获得灵敏、准确且能够复现的结果,应对测定条件进行优化调整。具体包括以下几个方面的选择。

1)吸收线的选择

在原子吸收光谱分析中,每种元素的基态原子都具有多条特征吸收线。为了提高光谱检测的灵敏度,通常优先选择各元素最灵敏的共振线作为其分析线;在高浓度样品测定或存在光谱干扰的特殊情况下,可选用次灵敏线替代。例如对铷元素的测定,虽然最灵敏线位于 180.0 nm,但为避免钠和钾元素的干扰,改用 194.0 nm 次灵敏线进行分析。这种灵活选线的策略既能够保证检测灵敏度,又可以避免潜在的光谱干扰问题。各元素常用分析线如表 4-6 所示。

表 4-6　原子吸收分光光度法中常用的元素分析线

元素	分析线/nm	元素	分析线/nm	元素	分析线/nm
Ag	328.1,338.3	Ge	265.2,215.5	Re	346.1,346.5
Al	309.3,308.2	Hf	301.3,288.6	Sb	211.6,206.8
As	193.6,191.2	Hg	253.1	Sc	391.2,402.0
Au	242.3,261.6	In	303.9,325.6	Se	196.1,204.0

元素	分析线/nm	元素	分析线/nm	元素	分析线/nm
B	249.1,249.8	K	166.5,169.9	Si	251.6,250.1
Ba	553.6,455.4	La	550.1,413.1	Sn	224.6,286.3
Be	234.9	Li	610.8,323.3	Sr	460.1,401.8
Bi	223.1,222.8	Mg	285.2,219.6	Ta	211.5,211.6
Ca	422.1,239.9	Mn	219.5,403.1	Te	214.3,225.9
Cd	228.8,326.1	Mo	313.3,311.0	Ti	364.3,331.2
Ce	520.0,369.1	Na	589.0,330.3	U	351.5,358.5
Co	240.1,242.5	Nb	334.4,358.0	V	318.4,385.6
Cr	351.9,359.4	Ni	232.0,341.5	W	255.1,294.1
Cu	324.8,321.4	Os	290.9,305.9	Y	410.2,412.8
Fe	248.3,352.3	Pb	216.1,283.3	Za	213.9,301.6
Ga	281.4,294.4	Pt	266.0,306.5	Zr	360.1,301.2

2)光谱通带宽度的选择

在原子吸收光谱分析中,光谱通带的选择本质上就是确定单色器狭缝宽度的最佳值。选择的依据是待测元素的谱线结构,以及其吸收线附近是否存在干扰谱线。若目标吸收线附近没有干扰谱线,则可适当放宽狭缝以增加通带;若存在干扰谱线,则应在保证信号强度的前提下调窄狭缝。通常情况下,0.5～4 nm的光谱通带较为合适。具体操作时,可通过实验优化法逐步调节狭缝宽度直至检测器输出信号(吸光度)达到最大值,或直接参考相关文献的推荐值来确定最佳通带宽度。

3)空心阴极灯工作电流选择原则

空心阴极灯的工作电流并非越大越好,需要平衡考虑放电稳定性和输出光强,通常建议把工作电流调整至最大额定电流的50%附近使用(多数元素适用),以保证输出强度适中且稳定的锐线光。在理化性质分析实验中,应当根据待测元素的特性灵活调整工作电流:对于高熔点的元素(镍、钴、钛等)可适当增大电流,而对易溅射的低熔点元素(铋、钾、钠、铯等)则需降低工作电流。最佳工作电流的确定需通过实验绘制吸光度-工作电流曲线,选取产生最大吸光度时的最小电流值,在保证检测灵敏度的前提下延长空心阴极灯的使用寿命。

4)火焰原子化条件的选择

(1)火焰的选择:火焰温度是影响原子化过程的关键因素,需要根据被测元素的特性进行优化选择。一方面,温度过低无法确保雾化的试样充分分解离为基态原子;另一方面,温度过高又会导致原子电离或激发,反而减少基态原子浓度,不利于吸收光谱的测试。综合来看,在确保完全原子化的前提下,采用较低温度的火焰通常可获得更好灵敏度。在理化性质分析实验中,应根据试样的特性选择合适类型的火焰,先由期望的火焰温度选择化学火焰中的燃气和助燃气成分,接下来调节燃气与助燃气的比例。当燃气与助燃气的比例符合化学反应的计量比时,称为化学计量火焰(中性火焰)。中性火焰具有燃烧充分、稳定性好、干扰噪声少等优点,是多数元素测定的理想选择。

(2)燃烧器高度的选择:在火焰原子吸收光谱法中,燃烧器高度也会直接影响到测定结果的灵敏度。这是因为不同的元素在火焰中形成基态原子,浓度最大区域的分布高度存在差异。实验表明,通常在燃烧器狭缝口上方 2～5 mm 的火焰中产生的基态原子浓度最高。燃烧器的最佳高度位置需通过实验进行优化:先固定燃气和助燃气的流量,选取含有待测元素的标准样品,再通过逐步调节燃烧器高度测定和记录相应的吸光度,根据不同高度记录的吸光度值确定待测元素的最佳燃烧器高度。

(3)进样量的选择:试样的进样量存在一个合适的范围,一般设置为 3～6 mL/min 的效果较好。进样量过低会导致待测元素浓度低,吸收信号弱,降低火焰原子吸收光谱法的灵敏度;反之,进样量过高会造成火焰冷却,大量的雾滴进入火焰后难以完全蒸发,降低了原子化效率,同样会降低火焰原子吸收光谱法的灵敏度。

任务 实施

火焰光度计测量试样中镁元素含量

[实验目的]

(1)了解火焰原子吸收分光光度计的工作原理。

(2)掌握火焰光度法测定镁元素含量的方法。

[实验原理]

参照"知识准备"内容。

[实验用品]

原子吸收光谱仪(GGX - 800)、空气压缩机、乙炔钢瓶、镁空心阴极灯、100 mL 烧杯、100 mL 容量瓶、500 mL 容量瓶、10 mL 吸量管。

试剂:1.000 mg/L 镁标准储备液,10 μg/mL 镁标准工作液,待测样品。

1.000 mg/L 镁标准储备液制备:准确称取 0.829 2 g 氧化镁(AR,已 800 ℃灼烧至恒重)于 100 mL 烧杯中,滴加 2 mol/L 稀盐酸直至氧化镁完全溶解,将烧杯中的溶液定量转入 500 mL

容量瓶中,用去离子水稀释定容,摇匀备用。

10 μg/mL 镁标准工作液制备:取上述镁标准储备液 1 mL 于 100 mL 容量瓶中,用去离子水稀释至容量瓶刻度线,摇匀。

[实验步骤]

1. 开机

(1)检查仪器:按照说明书检查仪器各部件的状态,检查各气路接口是否安装正确、气密性是否合格。

(2)开机:打开仪器电源总开关,运行"GGX - 800"电脑软件,进入工作界面,打开"自动初始化窗口"。

(3)参数设置:初始化结束后,根据测试需求设置实验条件及相关参数,待仪器稳定。

2. 溶液的配制

(1)标准系列溶液的配制:用洁净的吸量管准确吸取 0.00、1.00、2.00、4.00、6.00、8.00、10.00 mL 镁标准工作液,分别置于 7 个 100 mL 容量瓶中,加入去离子水稀释至容量瓶刻度线,摇匀备用。该标准溶液系列镁的浓度依次为 0.00、0.10、0.20、0.40、0.60、0.80、1.00 μg/mL,待测试各自的吸光度值。

(2)样品溶液的配制:用洁净的吸量管准确吸取待测试样 5.00 mL,置于 100 mL 容量瓶中。按照上述标准系列溶液的相同操作配制成样品溶液,待测定其吸光度。

3. 仪器点火

确保乙炔钢瓶处于关闭状态下,打开空气压缩机和风机开关,将压力表调节为 0.25 MPa 左右。此时才可以打开乙炔钢瓶,输出压力调节至 0.05 MPa 左右,随后点击软件界面上的"点火"按钮。

4. 测定标准系列溶液及待测水样的吸光度

(1)以去离子水为参比样品,依次由低浓度到高浓度测定标准系列 7 组溶液的吸光度。标准溶液测定结束后,软件会自动生成工作曲线,也可导出数据自行绘制工作曲线。

(2)以去离子水为参比样品,测试待测试样配制的样品溶液,平行测定三次吸光度。

(3)记录并保存测定数据,将相关数据绘制成曲线。

5. 实验结束

实验完成后,吸取蒸馏水 5 min 以上,随后将乙炔气瓶关闭,等火灭后退出"GGX - 800"软件。关闭原子吸收光谱仪、电脑和空气压缩机等设备的电源,空气压缩机及时排水。

[数据记录与处理]

(1)绘制标准曲线:根据标准系列溶液中镁的浓度及测得的吸光度值,绘制标准曲线(工作曲线),利用计算机程序求得回归方程及其相关系数。

(2)计算试样中镁的浓度:根据样品溶液的吸光度值,对照标准曲线推导出镁的含量,根据稀释比例换算成原始浓度。

[注意事项]

(1)安全起见,乙炔钢瓶不能与原子吸收分光光度计主机及电脑同放一处。

(2)点火之前务必检查气路的气密性,并开启排风装置。

任务 评价

考核内容	分值	得分
实验前预习原理	10	
穿着实验服,正确佩戴护具	10	
正确操作原子吸收光谱仪	20	
待测溶液配制	20	
原子吸收分光测试流程	20	
实验后数据处理	20	
总分	100	

思考 测试

1.什么是原子吸收光谱法？它有什么特点？

2.采用火焰原子化法分析时,是否火焰温度越高,测定灵敏度就越高？为什么？

3.应该注意哪些问题以减小误差？

任务4　粉末样品的粒度分析

任务描述

粉末粒度作为粉末性能最重要的一个方面,与粉末冶金材料性能及其制备有着极其密切的联系,而粉末粒度的测定是生产实际中检验粉末质量及调节和控制工艺过程的重要依据。粉末颗粒形状的复杂性和粒度范围的扩大,特别是超细粉末的应用,使得准确而方便地测定粒度变得十分棘手。

在皮江法炼镁工艺中,硅铁和锻白等原料通常都需要首先加工为粉末。如何进行粉末粒度的测定呢? 在本任务中,我们将学习基本的分析方法。

知识准备

一、粒度的概念

颗粒是具有一定尺寸和形状的微小物体,是组成粉体的基本单元。粒度指颗粒的尺寸,有mm 值和 Φ 值两种表示法,即线性值和体积值。体积值一般以标准直径(d_n)表示,它代表与颗粒体积相等的球的直径。线性值粒度较常用,在矿物岩石研究中有时也用体积值。

目前国际上广泛使用的粒度分级是乌登-温特沃思粒级(Udden-Wentworth scale),它是以 1 mm 作为基数乘以或除以 2 来分级的(见表 4 - 7)。后来,克伦宾(W. E. Krumbein)利用对数函数将其转化成 Φ 值,转换公式为

$$\Phi = -\mathrm{lb}\, d \quad\quad 或 \quad d = 2^{-\Phi}$$

式中,d——直径,mm。

表 4 - 7　乌登-温特沃思粒级及 Φ 值

d/mm		Φ	d/mm		Φ
分数式	小数式		分数式	小数式	
256	256	−8	1/4	0.25	+2
128	128	−7	1/8	0.125	+3
64	64	−6	1/16	0.063	+4
32	32	−5	1/32	0.032	+5
16	16	−4	1/64	0.016	+6

d/mm		Φ	d/mm		Φ
分数式	小数式		分数式	小数式	
8	8	−3	1/128	0.008	+7
4	4	−2	1/256	0.004	+8
2	2	−1	1/512	0.002	+9
1	1	0	1/1 024	0.001	+10
1/2	0.5	+1	1/2 048	0.000 5	+11

二、粒度的测定

一般粉末颗粒的大小常以直径表示,故也称为粒径。用一定方法统计出一系列不同粒径区间颗粒分别占试样总量的百分比,称为粒度分布。当所有颗粒的粒度都相等或近似相等时,该体系被称为单粒度或单分散体系。实际情况是,绝大多数颗粒体系所含众多颗粒的粒度大小都有一个粒度分布范围,常称为多粒度或多分散体系。粒度的分布范围越窄,表明颗粒尺寸的集中度越高。

1. 粒度的频率分布与累积分布

在粉体样品中,某一粒度(D_P)或某一粒度区间内(ΔD_P)的颗粒(对应的颗粒个数为 n_P)在样品中占据的质量分数,即为频率,用 $f(D_P)$ 或 $f(\Delta D_P)$ 表示。如果样品的颗粒总数为 N 个,那么

$$f(D_P) = n_P/N \times 100\%$$

或

$$f(\Delta D_P) = n_P/N \times 100\%$$

这种频率和颗粒大小的对应关系称为粒度的频率分布。

使用统计方法把颗粒大小的频率分布按一定方式累积,能够得到相应的累积分布。在理化性质分析实验中常见两种累积方式,一种是按粒径从小到大进行叠加累积,称为筛下累积;另一种是按粒径从大到小进行反方向累积,称为筛上累积。筛下累积分布常用 $D(D_P)$ 表述,而筛上累积分布则用 $R(D_P)$ 表述。

2. 常用的粒度测定方法

1)筛析法

筛析法是一种传统的粒度测试方法,它是使颗粒通过一系列不同目数的筛孔来测试粒度的。该方法主要用于粗颗粒样品的分析,优点是成本低、方法简便;缺点是对小于 400 目的微观颗粒难以测量。选用不同孔径的套筛,将样品自粗至细逐级筛分。相邻筛孔的间隔最好是

Φ/2 或Φ/4。筛析样品通常取 15～20 g 或更多一些,固定在振筛机上筛 15～20 min,然后分级称重。称重应精确到 0.01 g;当分级量不足 1 g 时,称重应进一步精确到 0.001 g;然后,每个分级均需用双目镜复检,若发现有团聚的颗粒集合体,则应按估计百分数加以扣除,之后才能计算重量及累积百分数。还要注意样品的频率分布总和应为 100%,不足或超过 100% 的部分必须按比例折算到各级重量中去,使总量为 100%。在筛析工作中有各种误差影响成果的精确性,其中以套筛制造误差最为显著。

2)沉降法

沉降法的基本原理是依照不同粒径的颗粒在液体中的沉降速度不同来统计粒度分布。它的检测流程是把样品放到某种液体中制成一定浓度的悬浮液,悬浮液中的颗粒受到重力或离心力的驱动发生沉降。不同粒径颗粒的沉降速度有所差别,大颗粒的沉降速度较快,小颗粒的沉降速度较缓。让大小不同的颗粒从同一起点位置同时开始沉降,经过一定的距离(时间)后,就能将混合的粉末按照粒度差别区分开来。

此外,常用的粒度测定方法还包括显微镜法、光散射法、超声波法、电阻法,等等。

三、激光粒度仪

1.激光粒度仪的工作原理

激光粒度仪是根据微小颗粒能使激光产生散射这一物理现象测试粒度分布的。如图 4-15 所示,沿直线前进的光束被颗粒阻挡时,一部分光将发生散射现象,散射光的传播方向与主光束的传播方向形成一个夹角(散射角)。散射角的大小与颗粒的大小有关,颗粒越大,产生的散射光的散射角就越小;颗粒越小,产生的散射光的散射角就越大。因此在不同的角度上测量散射光的强度,即可通过收集散射角的信息获得样品的粒度分布。需要说明的是,激光法测出的粒径是等效体积径,也就是实际颗粒体积相同的球体直径。激光粒度仪的测试范围是 0.01～3 500 μm,在理化性质分析中可以测试绝大多数粉末、乳液、悬浮液等样品。

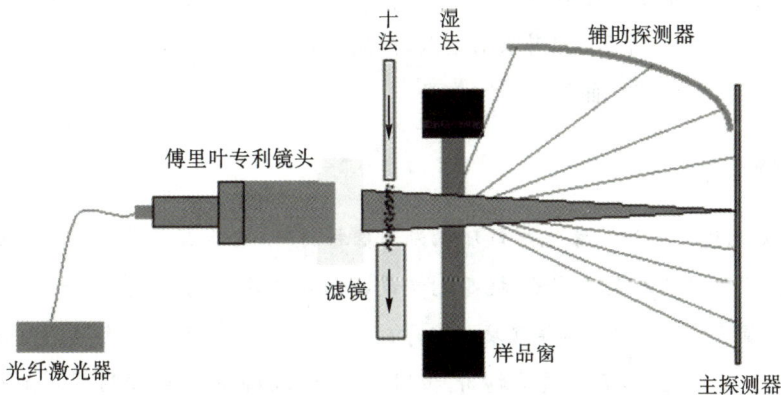

图 4-15　激光粒度仪原理图

2. 激光粒度仪的使用

使用激光粒度仪分析测量粒径分布有两种方法:湿法和干法。

(1)湿法:将样品置于介质中(常用介质有乙醇、水、异丙醇),借助机械力将团聚的颗粒进行分散,保证颗粒均匀随机地输送进样品池。特点:一次取样可测多次;对于极小(微米甚至纳米尺度)的样品,湿法分散具有更大的优势;分散方式更为灵活,对于团聚性较强的样品,可以借助表面活性剂等化学添加剂来帮助分散。

(2)干法:以空气为分散介质,通过施加一定的分散压力,将颗粒团聚打开,并输送进样品池。特点:无分散介质溶液;可控制分散压力来控制分散程度;但测试结果有时候会受到样品湿度和团聚情况的影响。

使用激光粒度仪的操作流程如下:

①打开激光粒度仪电源开关(灯亮为开)。

②打开电脑上的粒度分析软件。

③检查进水桶、排水桶和空压机是否正常工作。

④点击电脑软件上的联机按钮,变成绿色代表连接仪器成功。

⑤新建文件并命名,用于保存数据。

⑥点击设置,填入样品信息后,点击"运行 SOP"。若背景异常无法测试,可再次点击"运行 SOP",取消测试,处理后背景正常再进行测试。

⑦根据提示加入样品,当遮光度为 15~20,浓度条变绿色稳定后,点击"确定"。

⑧测试结束图标由绿色变为灰色。

⑨双击需要查看的数据条,切换到报告页面,可选择导出为不同格式文件。

⑩选中要平均的数据,点击"分析"→"平均",就可以得到几次测试的平均值。选中要比较的数据,点击"分析"→"比较",可切换到比较数据页面。

使用激光粒度仪时应当注意以下事项:

①仪器在运行中,不要关闭软件。

②测样时保持适当的水温,如果水温太低,样品窗容易产生水雾。

③清洗样品窗时,仪器里面的水必须排净。

知识延伸

光学玻璃抛光粉是一种用于光学玻璃抛光的磨料材料,它能够在光学玻璃表面形成一层光滑的薄膜,改善光学玻璃的表面质量,提高光学设备的传输率和清晰度,广泛应用于光学仪器、计量仪器、LCD 显示器、光学玻璃等领域。光学玻璃抛光粉的粒度是影响抛光效果的一个重要因素。一般来说,粒度越小,表面质量越高,但同时也会增加抛光粉的使用量和抛光时间。

常用的光学玻璃抛光粉的粒度标准主要有以下几种。

①美国标准 USGS:0.3 μm、1 μm、3 μm 等;

②德国标准 FEPA:1 μm、3 μm、5 μm 等;

③日本标准 JIS:0.3 μm、1 μm、3 μm、5μ m 等。

　　光学玻璃抛光粉的粒度大小直接影响到光学玻璃表面的光洁度和加工效率。当粒度变小时,抛光面积变小,磨料的表面碎屑增多,研磨效率降低,但表面具有更好的粗糙度;而当粒度变大时,磨削面积增大,研磨效率增加,但抛光表面的光洁度会下降。因此,粒度的选择需要根据具体的工艺要求和加工条件来确定。总之,对于光学玻璃抛光粉的选择,需要充分考虑实际应用和加工条件,根据具体需要选择合适的粒度标准,才能达到最优的抛光效果。

任务实施

球磨硅铁原料的粒径测试

[实验目的]

(1)了解粒度测定的意义和方法。

(2)掌握激光粒度仪的原理以及操作方法。

[实验原理]

　　本实验的原理是利用球磨之后的微小硅铁颗粒对激光的散射现象来测量颗粒大小分布。当激光照射到硅铁颗粒时,部分光线会发生散射,散射的角度取决于硅铁颗粒的大小。硅铁颗粒越大,散射角度越小;硅铁颗粒越小,散射角度越大。通过检测不同角度上的散射光强度,激光粒度仪就能计算出球磨硅铁粉末样品中不同大小颗粒的分布情况。

[实验用品]

待测球磨硅铁原料、激光粒度仪,根据测试方法选择合适的分散介质或利用超声分散。

[实验步骤]

(1)样品制备:按测试要求制备好待测球磨硅铁原料。

(2)仪器设置:根据样品特性和所需分析结果设置相应的参数,主要包括激光功率、散射角度、采样流速等。

(3)校准系统:使用标准颗粒物质进行仪器的校准,确保粒径分布结果的准确性和可靠性。

(4)样品注入:将样品注入仪器中进行分析,同时确保样品注入系统干净、无气泡。

(5)开始测量:启动仪器,开始激光粒度分析。在测量过程中,记录相关数据并观察曲线变化。

(6)数据分析:根据仪器所提供的数据和曲线,对样品的粒度分布进行分析和解读。可以利用软件工具进行进一步处理和统计。

[数据记录与处理]

粒度分布的测试结果按照两种方式作图:直方图(及频率曲线)、累积频率曲线。

(1)直方图:以粒级间隔(粒度大小范围)为横坐标,以每个粒级间隔占据的重量百分比为纵坐标作图。把直方图上每个柱子的顶部中点用平滑的曲线连起来,就得到了频率分布曲线图。其实频率分布曲线就是当粒级间隔无穷小时直方图的极限形态。直方图的优点是能直观展示出众数值,即出现最高频率时的粒度间隔。

(2)累积频率曲线:用来表现某个粒径尺寸以上的颗粒所占据的百分含量的统计图。以粒径为横坐标,各粒径的累积百分含量为纵坐标。优点是累积频率曲线形状不受分组间隔大小的影响,能反映颗粒连续分布的性质。从累积频率曲线中可以方便地查出中值粒径等统计特征值。

[注意事项]

(1)注意激光粒度分析中湿法和干法测量粒径分布的区别。

(2)注意两种粒度分布曲线的区别。

任务 评价

考核内容	分值	得分
实验前预习原理	10	
穿着实验服,正确佩戴护具	10	
待测球磨硅铁原料制备	20	
激光粒度仪测试操作	20	
其余操作	20	
实验后数据处理	20	
总分	100	

思考 测试

1.粉末粒度的表现方式有哪些?

2.球磨硅铁原料制备中需要注意哪些问题? 哪些环节存在危险?

3.激光粒度仪测试过程中需要注意哪些问题?

附　录　理化分析实验常用玻璃器皿及其使用

名称	主要规格	主要用途	使用注意事项
烧杯	容量（mL）：10，15，25，50，100，200，250，400，500，600，800，1 000，2 000	配制溶液；溶样；进行反应；加热；蒸发；滴定	不可干烧；加热时应受热均匀；液量一般勿超过容积的2/3
锥形瓶	容量（mL）：5，10，25，50，100，150，200，250，300，500，1 000，2 000	加热；处理试样；滴定	磨口瓶加热时要打开瓶塞，其余同烧杯
碘量瓶	容量（mL）：50，100，250，500，1 000	碘量法及其他生成挥发物的定量分析	为防止内容物挥发，瓶口用水封，其余同锥形瓶
圆底、平底烧瓶	容量（mL）：50，100，250，500，1 000	加热、蒸馏	一般避免直接火焰加热
蒸馏烧瓶	容量（mL）：50，100，250，500，1 000，2 000	蒸馏	避免直接火焰加热
凯氏烧瓶	容量（mL）：50，100，250，300，500，800，1 000	消化分解有机物	使用时瓶口勿冲人，避免直接火焰加热；可用于减压蒸馏
量筒、量杯	容量（mL）：5，10，25，50，100，250，500，1 000，2 000	粗略量取一定体积的溶液	不可加热，不可盛热溶液；不可在其中配制溶液；加入或倾出溶液应沿其内壁
容量瓶	容量（mL）：5，10，25，50，100，200，250，500，1 000，2 000 量入式 A级、B级 无色、棕色	准确配制一定体积的溶液	瓶塞密合；不可烘烤、加热，不可长期存放溶液；长期不用时应在瓶塞与瓶口间夹上纸条
滴定管	容量（ml）：25，50，100 量出式、座式 A级、A2级、B级 无色、棕色、酸式、碱式	滴定	不能漏水，不能加热，不能长期存放碱液；碱式滴定管不能盛氧化性物质溶液
微量滴定管	容量（mL）：1，2，5，10 量出式、座式 A级、A2级、B级（无碱式）	微量或半微量滴定	不能漏水，不能加热，不能长期存放碱液；只有活塞式

名称	主要规格	主要用途	使用注意事项
自动滴定管	容量(mL):10,25,50 量出式 A级、A2级、B级 三路阀、侧边阀、侧边三路阀	自动滴定	成套保管使用,其余同滴定管
移液管 (无分度吸管)	容量(mL):1,2,5,10,15,20,25,100 量出式 A级、B级	准确移取一定体积溶液	不可加热,不可碰破管尖及上口
吸量管 (直接吸管)	容量(mL):0.1,0.2,0.5,1,2,5,10,25,50 A级、A2级、B级 完全流出式、吹出式、不完全流出式	准确移取各种不同体积的溶液	不可加热,不可碰破管尖及上口
称量瓶	高型 　容量(mL):10,20,25,40,60 　外径(mm):25,30,35,40 　瓶高(mm):40,50,60,70,80 低型 　容量(mL):5,10,15,30,45,80 　外径(mm):20,35,40,50,60,70 　瓶高(mm):25,30,35	高型用于称量试样、基准物 低型用于在烘箱中干燥试样、基准物	磨口应配套;不可盖紧塞烘烤;称量时不可用手直接拿取,应戴手套或用洁净纸条夹取
细口瓶、广口瓶、下口瓶	容量(mL):125,250,500,1 000,2 000,3 000,10 000,20 000 无色、棕色	细口瓶、下口瓶用于存放液体试剂;广口瓶用于存放固体试剂	不可加热;不可在瓶内配制热效应大的溶液;磨口塞应配套;存放碱液应用橡胶塞
滴瓶	容量(mL):30,60,125 无色、棕色	存放需滴加的试剂	同细口瓶
漏斗	上口直径(mm):45,55,60,70,80,100,120 短径、长径、直梁、弯梁	过滤沉淀;作加液器	不可直接火焰加热;根据沉淀量选择漏斗的大小
分液漏斗	容量(mL):50,100,250,500,1 000,2 000 球形、锥形、筒形、无刻度、具刻度	两相液体分离;萃取富集;制备反应中的加液器	不可加热、不能漏水;磨口塞应配套;长期不用时应在瓶塞与瓶口间夹上纸条

续表

名称	主要规格	主要用途	使用注意事项
试管	容量(mL):10,15,20,25,50,100 无刻度、具刻度、无支管、具支管	少量试剂的反应容器;具支管试管可用于少量液体的蒸馏	所盛溶液一般不超过试管容积的1/3;硬质试管可直火加热,加热时管口勿冲人
离心试管	容量(mL):5,10,15,20,25,50 无刻度、具刻度	定性鉴定:离心分离	不可直接火焰加热
比色管	容量(mL):10,25,50,100 具塞、不具塞 无刻度、具刻度	比色分析	不可直接火焰加热;管塞应密合;不能用去污粉刷洗
干燥管	球形 　有效长度(mm):100,150,200 U 形 　高度(mm):100,150,200 　U 形带阀及支管	气体干燥;除去混合气体中的某些气体	干燥剂或吸收剂必须有效
干燥塔	干燥剂容量(mL):250,500	动态气体的干燥与吸收	干燥剂或吸收剂必须有效
冷凝器	外套管有效冷凝长度(mm):200,300,400,500,600,800 直形、球形、蛇形、蛇形逆流、直形回流、空气冷凝器	将蒸气冷凝为液体	不可骤冷、骤热;直形、球形、蛇形冷凝器要在下口进水,上口出水
抽气管	伽氏、艾氏、孟氏、改良式	装在水龙头上,抽滤时作真空泵	用厚胶管接在水龙头上并拴牢;除改良式外,使用时应接安全瓶,停止抽气时,先开启安全瓶阀
抽滤瓶	容量（mL）:50,100,250,500,1 000	抽滤时承接滤液	属于厚壁容器,能耐负压;不可加热;选配合适的抽滤垫;抽滤时漏斗管尖远离抽气嘴
表面皿	直径（mm）:45,65,70,90,100,125,150	可作烧杯和漏斗盖,称量、鉴定器皿	不可直接火焰加热
研钵	直径(mm):70,90,105	研磨固体物质	不能撞击、烘烤;不能研磨与玻璃有作用的物质

参考文献

[1]何紫莹,申燕妃,黄卉芬.分析化学实验[M].北京:化学工业出版社,2018.

[2]初玉霞.化学实验技术基础[M].3版.北京:化学工业出版社,2020.

[3]陈进荣,焦明哲.化学实验基本操作[M].北京:化学工业出版社,2009.

[4]姜淑敏,孙巍,张春艳.化学实验基本操作技术[M].2版.北京:化学工业出版社,2022.

[5]石贞芹.化学实验技术[M].北京:高等教育出版社,2009.

[6]许新福.化工分析综合实训[M].北京:化学工业出版社,2014.

[7]赵美丽,徐晓安.仪器分析技术[M].北京:化学工业出版社,2014.

[8]王清晋,王静.金属加工实训[M].北京:化学工业出版社,2015.

[9]卢灿华.物理实验[M].北京:高等教育出版社,2002.

[10]张鹉.高中物理实验仪器配备与使用[M].苏州:苏州大学出版社,2021.

[11]林同春.高中物理实验素养初步[M].福州:福建教育出版社,2021.

[12]刘丹赤.基础化学实验[M].北京:中国轻工业出版社,2017.

[13]高兰玲,田华.化学分析实验技术[M].北京:中国石化出版社,2022.

[14]司卫华.金属材料化学分析[M].北京:机械工业出版社,2018.

[15]张嘉杨,王春燕,鲁群岷.化学实验基础[M].北京:中国石化出版社,2017.

[16]李爱勤,侯学会.化学实验技术[M].2版.北京:中国农业大学出版社,2014.

[17]李明照,许并社.镁冶炼及镁合金熔炼工艺[M].2版.北京:化学工业出版社,2012.

[18]黄一石.仪器分析[M].2版.北京:化学工业出版社,2009.

[19]简发萍.材料学基础[M].北京:机械工业出版社,2022.

[20]干英杰.金属材料及热处理[M].3版.北京:机械工业出版社,2021.

[21]范英杰,张弘.金属工艺学[M].北京:机械工业出版社,2018.